U0181774

用户口令：
系统安全的最前线

探寻最有价值字符串的秘密

Passwords:
The Front Line
of Systems Security

韩伟力　著

復旦大學出版社

一枚好的口令必须是好记、易输且难猜的！

序

    自20世纪60年代以来,用户口令长期守护着计算机系统的安全。在互联网时代,用户往往拥有数十个账户,包括网上银行系统、办公自动化系统、电子邮件系统等,涉及国民经济和社会生活的方方面面。在使用前,绝大部分系统会要求用户设置口令,并要求用户记住口令,以便在需要的时候输入它们,来验证用户的合法身份。从初次接触计算机系统到现在,用户口令一直伴随着我们这代人,已成为日常工作和生活中的一部分。用户对口令既熟悉又陌生,熟悉它们的存在,但对如何保护它们的措施知之甚少,导致弱口令始终是计算机系统的最大安全隐患之一。

    进入21世纪,随着计算机技术的飞速发展,针对用户口令的攻防研究变得非常热门。攻击者在试图闯入计算机系统时,首先会尝试系统管理员的口令。系统管理员则不断地剖析用户口令的弱点,制定并实施相应的防御对策,包括用户口令生成策略、口令强度度量器等。自2009年大批用户口令以明文形式泄露后,研究人员利用这批数据开展了数据驱动的口令攻防研究,成效显著,推动了用户口令保护方法的演进,也推动了指纹识别、FIDO等无口令身份认证技术的发展和成熟。

    本书从用户口令的攻击和保护两方面,全面而深入地阐述了针对用户口令的最新攻击方法(特别是利用人工智能方法对用户口令安全性的剖析），并全面介绍了相应的防御对策（包括最新的用户口令生成策略、用户口令强度度量器、用户口令泄露检测工具等）。本书也对与用户口令紧密相关的单点登陆、PIN 码、FIDO 等技术进行了较为深入的介绍。

    本书适合希望了解用户口令相关知识的技术爱好者。此外，本书也适合希望从事数据驱动安全方向研究的专业人士，从中可以掌握用户口令安全攻防技术的最新发展与趋势。

崇洪峰

复旦大学　教授

中国工程院院士

前　言

　　用户口令又被称为**"密码""用户密码"**,英语表述为 password 或 passcode,是指由用户生成、维护,并在安全攸关的场合下,由用户输入以鉴别用户身份或访问权限的一串可输入字符或图形结构。在计算机系统普及的当代,得益于其近乎零成本的使用优势(一般不需要配置额外硬件),它是当前计算机用户最常使用的安全工具。当前,用户口令广泛应用在操作系统、办公软件、网上银行、文件加密传输等需要安全措施保护的场景中。在系统安全对抗的另一面,攻击者为获取对敏感系统的访问许可,通常也会首先尝试猜测用户口令。一旦用户口令被猜中,包括支付系统、邮箱系统等重要计算机系统均可能被攻击者控制。这将带来一场巨大的系统安全灾难,可能给用户带来严重经济损失,甚至泄露企业的核心数据。从这一角度来看,用户口令毫无疑问处于系统安全的最前线。

　　用户口令通常由用户在初始化系统的时候设置。当用户再次进入系统的时候,会被提示并输入用户口令,继而让用户获得对系统的访问权限。常见的用户口令分为文本口令和图形口令。文本口令由字符组成,通过键盘输入;图形口令由各种图形构成,通过触摸屏输入。为适应不断涌现的新型交互设备,如 Kinect、脑机交互,研究人员也发明了相应的新型认证系统。当前,基于文本口令的认证系统是最流行的认证系统，这也是本书讲述的重点内容。

一枚好的口令要满足三点：**好记**、**易输**且**难猜**。**好记**，要求这枚口令尽可能简单；**易输**，要求这枚口令尽可能简短，或者适配输入设备，以方便用户输入口令；**难猜**，则要求这枚口令尽可能复杂且冗长。显然，上述三点存在着不可调和的矛盾，因此要同时满足这三点并不容易。更何况，当前每个用户都可能拥有大量的账户和不同的口令，一个用户拥有多枚好的口令则更加不容易。

为了促使用户创建一枚好的口令，系统管理部门通常制定一系列生成策略（creation policy）来规范和提示用户。譬如在创建口令时，系统会要求用户确保所创建的口令必须由数字、大写字母、小写字母、特殊字符等不同类型的字符组成，且必须包含上述四类字符中的两种或两种以上；系统也会额外要求所创建口令的长度必须不少于 8 个字符；此外，系统还会要求用户在不同账户中创建不同的口令。然而，深入的研究发现，实施上述示例的生成策略并不能保证用户创建一枚能平衡**好记**、**易输**、**难猜**这三点要求的好口令。当前主流的口令安全研究从口令猜测攻击的角度，建议用户创建或者使用非常少见的口令。这里所谓的"少见"，是指与其他已知口令比较，保证既不是重复出现的，也不是经过简单变形的口令。这样带来了一个新的难题：**如何判定一枚口令在当前的网络空间中是"少见"的**？为此，研究人员采用了数据驱动的方法：将已知口令作为训练集，训练一个高质量的口令猜测模型，然后利用这个猜测模型破解用户创建的口令，如果猜中该口令所需要的猜测次数非常多或者根本猜不到这枚口令，则判定该口令为好口令。因为已知口令集数据量庞大，所训练出的模型也非常复杂，不适合直接放在用户浏览器或其他客户端，所以研究人员提出了两种方案来利用这一基于数据驱动方式的、有助于用户创建好口令的方法。一种方案是在服务器端将模型预先训练好并压缩，然后将压缩后的模型部署在客户端，用来对创建的口令进行猜测以评估口令好坏。这一方案的优点是响应速度快,且不需要将用户的口令传输到服务器端。另一种方案是将用户创建的口令安全实时地传回服务器端,由部署在服务器端的模型来猜测并评估口令的好坏程度。通常服务器端可以采用更为完善的猜测模型,并部署更强劲的计算基础设施(提供强大的算力),因而在服务器端评估口令好坏的方案会获得更准确的结果。

　　用户口令由人来创建,因此拥有强烈的个性属性。有的人喜欢字母输入,有的人喜欢数字输入,于是有了偏好字母和偏好数字的两种口令;有的人喜欢用一段话或者一首诗词作为口令,有的人喜欢用电话号码作为口令,而更多的人则喜欢用自己或者亲人的生日作为口令。用户创建口令时,会因其所处地区的生活习惯、文化环境的不同,创建带有强烈区域特征的用户口令。① 譬如,中国人喜欢用数字来组建口令,欧美用户则更偏好使用字母来组建口令(大家使用的键盘都是一样的)。理解这些特征对于用户创建好的口令非常重要。

　　用户口令同时需要用基于口令的认证系统才能发挥其保护计算机系统的功能。这个认证系统通常包括口令的输入模块、口令的加密传输模块和口令的安全存储模块。在用户访问系统时,系统会提示用户输入口令;输入的口令从客户端传输到服务端,通常需要运用加密协议(如 HTTPS)进行保护;而口令在服务器端则需要以密文的形式存储。安全存储模块通常采用的加密方式是为每枚口令设置一个随机数作为“盐”值,然后对口令进行散列加密,最后将散列加密后的密文编码后存放于文件或者数据库中。

　　尽管对口令能否保护用户的账户安全,研究人员提出了各种质疑,

―――――――

① LI Z, HAN W, XU W. A large-scale empirical analysis of chinese web passwords [C]//
FU K, JUNG J. Proceedings of the 23rd USENIX Security Symposium, San Diego, CA,
USA, August 20 - 22, 2014. USENIX Association, 2014: 559 - 574; HAN W, LI Z,
YUAN L, et al. Regional patterns and vulnerability analysis of chinese web passwords
[J]. IEEE Trans. Information Forensics and Security, 2016,11(2): 258 - 272.

但以用户口令在保护系统安全方面高性价比的绝对优势，它将会继续存在，并有效保护用户在网络空间中的各类活动。2013 年，在英特尔公司安全部门的推动下，每年五月的第一个星期四被设为**世界口令日**（World Password Day），以呼吁全社会加强口令管理，并普及安全口令的设置方法，从而保护用户的口令。第一个比较广为宣传的世界口令日发生在 2015 年 5 月 7 日。当时有微软、华硕以及国家网络安全联盟等超过 600 家公司和机构加入该活动。

本书将从四个方面来介绍用户口令及相关技术，分为用户口令安全概述（第 1 章）、用户口令猜测方法与系统（第 2 章）、用户口令的保护（第 3 章），以及其他类型的认证系统（第 4 章）。

需要特别指出的是，鉴于当前研究领域多关注文本口令，本书所提及的用户口令，如果未加特别说明均默认为文本口令，更具体地说，默认为用户使用键盘创建产生的文本口令。此外，第 4 章讲述的其他类型的认证系统中所采用的认证因子，包括图形口令，其生命周期与用户口令的基本一致，也即这些认证因子满足由用户创建、记忆和输入的基本特性。因而，在前三章讲述的方法和技术对这些认证系统中的认证因子的安全性研究同样具有良好的借鉴意义。

目录

第1章　用户口令安全概述..1

1.1　用户口令及其生命周期..3

1.2　用户口令的特征..5

　　1.2.1　用户口令的组成特征..5

　　1.2.2　用户口令的行为特征..9

1.3　用户口令的记忆..11

1.4　用户口令面临的威胁..15

　　1.4.1　钓鱼攻击..15

　　1.4.2　口令猜测攻击..19

　　1.4.3　拖库攻击和撞库攻击..21

　　1.4.4　社会工程攻击..22

　　1.4.5　侧信道攻击..23

　　1.4.6　用户口令泄露的危害..24

1.5　用户口令安全大事记..25

　　1.5.1　用户口令泄露事件..25

　　1.5.2　世界口令日..28

第2章　用户口令猜测方法与系统 ································· 29

　2.1　口令猜测攻击的分类与方法 ···························· 31

　　2.1.1　暴力破解与口令字典攻击 ······················ 33

　　2.1.2　基于启发式规则的口令猜测 ·················· 37

　　2.1.3　数据驱动的口令猜测概述 ···················· 40

　2.2　数据驱动的用户口令猜测 ······························ 41

　　2.2.1　基于概率上下文无关文法的方法 ············ 41

　　2.2.2　基于马尔可夫模型的方法 ···················· 63

　　2.2.3　基于神经网络的方法 ························· 69

　　2.2.4　基于样本扰动的方法 ························· 73

　　2.2.5　基于 GAN 的口令猜测方法 ··················· 81

　　2.2.6　基于表征学习的口令猜测方法 ··············· 86

　　2.2.7　基于 chunk 的用户口令表达与利用 ········· 99

　　2.2.8　混合式口令猜测方法 ························ 103

　2.3　实际的用户口令猜测系统 ···························· 108

　　2.3.1　基于 GPU 的 hashcat 系统 ·················· 108

　　2.3.2　基于 CPU 的 JtR 系统 ······················ 122

　　2.3.3　基于专用硬件的猜测系统 ··················· 136

第3章　用户口令的保护 ·································· 141

　3.1　口令保护概述 ······································· 143

　　3.1.1　基于用户习惯的口令保护 ··················· 143

　　3.1.2　基于弱口令识别的口令保护 ················· 145

　　3.1.3　基于客户端的口令保护 ····················· 146

　3.2　口令生成策略 ······································· 146

　　3.2.1　NIST 口令生成策略新标准 ·················· 147

3.2.2 助记口令生成策略⋯⋯⋯⋯⋯⋯150

3.2.3 结合最小强度与最小长度的口令生成
策略⋯⋯⋯⋯⋯⋯⋯⋯⋯⋯⋯153

3.2.4 可读音的口令生成策略⋯⋯⋯⋯156

3.2.5 互联网服务提供商使用的口令生成
策略⋯⋯⋯⋯⋯⋯⋯⋯⋯⋯⋯161

3.2.6 未来的口令生成策略⋯⋯⋯⋯⋯163

3.3 口令强度度量方法⋯⋯⋯⋯⋯⋯⋯⋯163

3.3.1 面向口令集的强度度量标准⋯⋯164

3.3.2 基于蒙特卡洛方法的口令强度评估⋯⋯166

3.4 口令强度度量器⋯⋯⋯⋯⋯⋯⋯⋯⋯167

3.4.1 基于启发式方法的度量器⋯⋯⋯168

3.4.2 自适应和可解释的口令强度度量器⋯⋯169

3.4.3 zxcvbn⋯⋯⋯⋯⋯⋯⋯⋯⋯⋯170

3.4.4 fuzzyPSM：模糊口令强度度量器⋯⋯171

3.4.5 Telepathwords：来自微软的口令强度
检测工具⋯⋯⋯⋯⋯⋯⋯⋯⋯172

3.4.6 CKL_PSM：基于 chunk 的口令强度
度量器⋯⋯⋯⋯⋯⋯⋯⋯⋯⋯173

3.5 口令管理器⋯⋯⋯⋯⋯⋯⋯⋯⋯⋯⋯174

3.5.1 LastPass⋯⋯⋯⋯⋯⋯⋯⋯⋯174

3.5.2 KeePass⋯⋯⋯⋯⋯⋯⋯⋯⋯175

3.5.3 1Password⋯⋯⋯⋯⋯⋯⋯⋯175

3.6 口令的传输与存储保护⋯⋯⋯⋯⋯⋯176

3.6.1 口令的安全传输⋯⋯⋯⋯⋯⋯176

3.6.2 口令安全存储⋯⋯⋯⋯⋯⋯⋯177

3.7 口令泄露检查⋯⋯⋯⋯⋯⋯⋯⋯⋯⋯180

3.7.1 Have I Been Pwned? ················· 180

3.7.2 Google Password Checkup ··········· 181

3.7.3 口令泄露检查协议 ················· 184

3.7.4 其他口令泄露检查工具 ··········· 184

3.8 单点登录技术 ························· 185

3.9 开放注册 ······························· 186

第 4 章 其他类型的认证系统 ························· 189

4.1 图形口令 ································· 191

4.1.1 基于可选区域点击序列的图形口令 ······· 191

4.1.2 基于识别的图形口令 ··········· 194

4.1.3 基于绘制的图形口令 ··········· 199

4.2 PIN 码 ································· 202

4.2.1 PIN 码简介 ····················· 202

4.2.2 PIN 码发展历程 ··············· 202

4.2.3 PIN 码安全性分析 ············· 203

4.3 新交互模式下的新型口令 ··········· 205

4.3.1 基于 Kinect 的口令系统 ········· 205

4.3.2 基于 EEG 的口令系统 ··········· 207

4.4 多因子认证方法 ····················· 212

4.4.1 硬件令牌 ······················· 213

4.4.2 数字证书 ······················· 213

4.4.3 生物认证因子 ·················· 214

4.4.4 一次性短信验证码 ············· 215

4.4.5 基于推送和二维码的令牌 ····· 215

4.5 快速的在线身份认证服务——FIDO ········· 216

参考文献 ·· **218**

后记 ·· **233**

第 1 章

用户口令安全概述

1.1 用户口令及其生命周期

用户口令常被用于管控计算机系统中的敏感访问和操作。图 1.1 展示了常见的网站登录过程：用户使用键盘在网站登录框中输入文本口令，经过安全验证后访问网站。另外，用户口令也常被用于重要文件的加密。在网络安全实践中，发送方在传输重要文件前通常会生成一枚口令，并基于该口令加密重要文件后再传输给接收方。发送方另外选择安全的渠道把口令发送给接收方，接收方收到口令后即可解锁发送方传输的加密文件，从而远程秘密地共享重要文件。

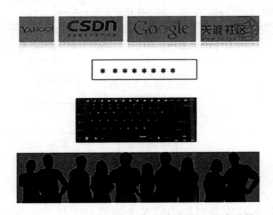

图 1.1 一个典型的用户口令应用：网站登录

用户口令的生命周期由口令从生成到消亡所经过的一系列处理步骤组成。如图 1.2，在网站登录应用中，它通常包括八个阶段：生成、强度评估、用户记忆、输入、传输、服务端或客户端存储、验证和删除（更新）。其中，在口令生成阶段，用户会根据口令生成策略创建一枚口令

（有时，系统管理员也会为用户分配一枚口令）。口令的强度评估通常发生在用户创建口令的阶段，以指导用户创建更安全的口令。在用户完成创建口令后，系统通常会要求用户记住其创建的口令以便日后输入。在口令输入阶段，用户会在网站或客户端的认证界面输入口令，以帮助系统验证用户的身份。在口令传输阶段，用户输入的口令以安全的形式在本地客户端或传输至服务器端进行验证或者保存。服务器端或本地客户端在收到用户的口令或口令的相关信息（通常为对口令进行散列函数①加密的结果）后，将其安全存储。在口令验证阶段，服务器端或本地客户端对用户口令进行验证以确认请求认证的用户身份是否合法。在口令删除阶段，服务器端或本地客户端将旧口令删除，这通常发生在用户更新口令时。

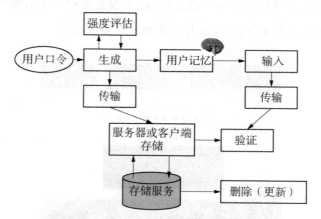

图 1.2　一个文本口令的生命周期

　　用户口令在其生命周期中的各个阶段都面临着安全威胁。在用户的记忆阶段，因为每个用户可能同时拥有多枚口令或口令本身的复杂程度可能令用户难以记忆，所以用户会将自己拥有的口令或写在纸上，或明文存储在计算机的某个文件中。而这些方式常常会威胁

---

① 即 Hash Function，又称哈希函数。

到口令的安全性,即一旦纸片和文件被攻击者拿到,口令就会泄露。在口令输入阶段,口令可能会被恶意软件或病毒窃取,也可能会被侧信道攻击截获。在口令传输阶段,不安全的传输协议或不安全的登录协议可能导致口令遭受中间人攻击。同时,存储在服务器端的口令也面临着"拖库"攻击或"撞库"攻击的威胁。此外,用户还经常直接或间接地重用口令,即在不同网站使用完全相同或部分相同的口令。根据现有研究,在掌握用户部分(甚至只有一枚)口令的场景下,口令的重用行为会大大降低攻击者猜测用户拥有的其他未知口令的难度[1-3]。

1.2 用户口令的特征

尽管用户口令看上去很随机,但是它们的创建、记忆和输入受到诸多限制,因而存在着一些显著的特征。近年来,研究人员基于大规模真实口令集的分析,发现了它们存在的某些特征[1,4-6]。在这里,本书将单枚口令体现出来的特征归类为用户口令的组成特征,而将多枚口令间体现出来的特征归类为用户口令的行为特征。

1.2.1 用户口令的组成特征

用户口令通常由可打印的字符组成,因此这里首先介绍用户口令的字符组成特征。用户口令的组成字符主要是字母、数字和特殊符号。此外,字母和字母、数字和数字、字母和数字等还构成了语义,包括输入法语义、日期语义以及通过转义掩盖的自然语言语义。同时,这些字符组成所包含的语义特征由于用户文化背景的差异,体现出明显的区域特征。当攻击者利用区域特征使用有针对性的数据集训练猜测模型,或者设计有针对性的猜测规则时,这些区域特征将变成给用户带来巨大危害的区域漏洞(regional vulnerability)[6]。

1.2.1.1　字符组成特征

输入设备和口令生成策略是影响用户口令字符组成的首要因素。如图 1.3，当用户使用全键盘输入时，一枚口令通常由三种类型的字符组成：字母、数字和特殊符号。有些研究会区分字母的大小写，也即由四类字符构成，小写字母(lowercase)、大写字母(uppercase)、数字(digit)和特殊符号(symbol)。这样的组成经常作为一种口令生成策略，通常被称为"LUDS 策略"。它强制用户通过键盘创建口令时选取其中的两种或者更多种(甚至四种)字符，以提升所创建口令的安全强度①。如果用户使用银行自动取款机或者拨号电话的键盘创建口令，则只能使用数字。这样创建出的用户口令常被称为"PIN"(personal identification number)码。由于通过全键盘创建和输入的用户口令已得到研究领域较为深入的研究[4,7-9]，应用面也非常广，因此本书主要讨论通过全键盘创建和输入的用户口令。而关于图形口令等新型认证因子的相关知识，本书将在第 4 章另作介绍。

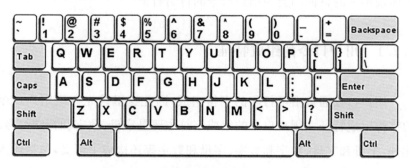

图 1.3　创建和输入口令时常用的全键盘

---

① 最新的口令安全研究表明，建议多种字符组成口令，特别是强制要求用户在口令中添加特殊符号并不能有效提升用户口令的安全强度。

　　母语为非英语的用户在创建口令时，会借助输入法输入包含有大量特殊符号的口令。但与直接用键盘输入相比，运用输入法输入字符并不方便。特别是在输入时，由于输入法的不确定性，输入口令时的正确率较难确保，因而并没有被广泛使用。这时，用户会将原始的键盘输入作为他们的口令，这样既满足了用户口令生成策略中对于长度的要求，又方便了记忆。然而，这种口令创建方式形成的口令字符组成特征会严重影响口令的安全性。如果不加以深入研究，并制定有效的口令生成策略和工具，则会给计算机系统带来严重的潜在安全威胁。

　　复旦大学李致公、韩伟力等人[4,6]率先利用超过 1 亿枚泄露的用户明文口令，比较了中英文两大用户群体所创建的口令，发现构成用户口令的字符组成存在明显的地区差异。如图 1.4 所示，他们的分析表明，中文用户明显偏好使用数字：在中文用户创建的口令中，数字所占比例均远高于英文用户创建的口令中的数字比例。此外，他们还发现中英文用户对字母的偏好也是有差异的。如图 1.4 所示，中文用户最喜欢用的前三个字母为"a""i""n"，而"a""e""i"则更受英文用户的欢迎。有趣的是，这里的字母"a"在键盘中处于不容易输入的位置上，但在创建口令时却广受中英文两大用户群体的欢迎。此外，用户在创建口令时使用特殊符号的比例普遍偏低，而其中最常用的特殊符号为"."和"@"，这说明用户经常使用电子邮件地址作为他们的口令。这两个符号在中英文用户群体的使用占比基本一致，也说明中英文用户群体喜欢用电子邮件地址作为口令的想法基本上是一致的①。

———————————

① 北京大学汪定等人[9]于 2019 年在 USENIX Security 会议发表论文，基于他们补充和更正的数据，展示了相近的分析结果。这也是采用泄露数据进行用户口令安全研究需要考虑的一个情况：研究人员很难确保所使用数据的可信性。黑客在泄露口令数据集时，可能掺杂了污染数据，也可能其介绍的情况与实际获取手段并不一致。但得益于分析时用户口令数据的巨大规模，部分的污染数据对最终的结果影响甚微。这个结论在文献[4]和[6]中已经有所体现。笔者清理了污染数据，更新了分析结果，在 *IEEE TIFS* 期刊上发表了后续论文[6]，并在文中的致谢部分感谢了汪定博士的贡献。

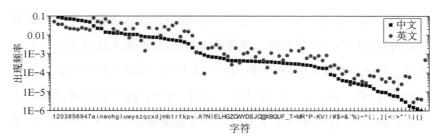

图 1.4　中英文用户口令的字符组成分布

1.2.1.2　口令语义特征

为方便记忆和输入，用户在创建口令时，会采用多种助记方式。其中，最常见的助记方式就是让这段简短的字符串（用户口令）包含丰富的语义。现有研究表明，用户口令中最常见的语义是"爱"。[4] 譬如"iloveyou"往往本身就是或者构成了常见的用户口令，而"520"在中文发音中与"我爱你"接近，也经常出现在中文用户所创建口令中的数字部分。其他的语义类型包括姓名、地名等。当前，研究人员对于字母组成口令的语义研究得比较透彻，而对数字的语义了解得不够深入。[10]

由于用户口令的长度严重受限，通常也就是 6 到 30 个字符，因此其所含有的语义与自然语言所含有的语义有很大的差异。[11] 譬如，用户口令中经常包含大量首字母缩写组成的字符串。另外，用户为了隐藏口令中的语义，还会采取转义的方式，譬如将"s"转义为"＄"。在尽量不影响对口令记忆的前提下，用户口令中使用的语义从某种程度上来说可以增强用户所创建口令的安全性。

1.2.1.3　口令区域漏洞

不同地区的用户口令有着不同的特征，而这些特征对于提升口令的猜测效率至关重要。韩伟力等人首次明确将其定义为区域漏洞，即利用用户口令的区域特征可以有效提升针对用户口令的猜测效率。[6]

在数据驱动的口令猜测方法流行之前,通过设置启发式规则猜测用户口令是实现口令猜测的主流方法。口令安全专家通常会为不同区域的口令设置有差异的启发式规则,以提升口令猜测效率。而当前数据驱动的口令猜测方法则在一定程度上降低了口令安全专家的工作负担:口令安全专家只要找到与目标猜测口令相同或者文化背景相近的口令集,以此训练猜测模型,就可以大幅提升针对目标口令的猜测效率。[4,6]

1.2.2　用户口令的行为特征

用户在创建口令的过程中所形成的群体特征被称为用户口令的行为特征。这里介绍两种用户口令的行为特征:口令重用特征和 Zipf 分布。前者通常是用户自身主动为之,而后者则是用户群体的无意识行为。

1.2.2.1　口令重用特征

由于当前网络系统用户拥有大量的网络账户,口令重用是一种常见的用户行为。事实上,用户口令重用行为是导致当前撞库攻击流行的最根本原因,影响着几乎所有大型网站的安全性。国内的铁路出行服务网站 12306、大型电商网站京东均有遭受过此类攻击的报道。但由于真实用户口令本身的敏感性,尤其是同一用户不同账户口令的敏感性,研究人员很难对口令重用的行为规律进行大规模的量化实证研究。

通过深入分析泄露口令集中的数据特征,韩伟力等人[1]第一次将用户重用口令的行为分为两种类型:站内口令重用和跨站口令重用。"站内口令重用"是指用户在同一网站中的不同账户使用相同或者相近的口令,而"跨站口令重用"则是指用户在不同网站中的账户使用相同或者相近口令。他们从大规模口令集中提取了 400 多万组真实用户口令，并建立基于数据驱动的用户口令使用行为特征综合分析框架，从统计分析与抗猜测两个维度建模，发现站内口令重用中相同口令的概率高达约 60%，而跨站口令重用中相同口令的概率则为 33% 左右。该项研究还进一步发现，利用跨站口令重用中相近口令重用行为（重用一部分口令而非全部口令）可以将当前流行的口令猜测工具 John the Ripper(JtR) 的猜测效率提升达 39%。

1.2.2.2　Zipf 分布

哈佛大学语言学专家乔治·金斯利·齐夫（George Kingsley Zipf）于 1935 年在语料库中发现了一个经验统计规律，后人称为"Zipf 定律"（Zipf's Law）或"Zipf 分布"。Zipf 分布具体表述为：将单词在语料库中出现的次数由大到小排列，单词频数与它的排序数的常数次幂呈反比关系。

2012 年，Malone 等人[12]研究了能否使用 Zipf 分布来描述用户口令集中的口令频率，其实验结果表明用户口令集中频次与其排序基本符合 Zipf 分布。2015 年，汪定等人[13]再次对口令集中这一特性做了分析，其研究表明 Zipf 分布完美地存在于用户生成的口令集中。这意味着，口令集中的口令分布满足 Zipf 公式：

$$f_r = \frac{C}{r^s} \qquad (1.1)$$

式中 C 和 s 为具体数据集决定的常量，f_r 为口令在集合中出现的频次，而 r 为口令按照频次由高到低排序的序号。

由于 Zipf 分布是由用户群体在创建口令时的集体无意识行为形成的，该分布可以作为鉴别真假口令集的重要手段。统计待检口令集的分布规律，观察其与 Zipf 分布的吻合程度。如果吻合度较差，则说明该口令集可能由某些黑客使用工具伪造的,而不是由用户自然产生的。

1.3 用户口令的记忆

　　使用完全随机的字符串作为口令可以最大程度地抵抗口令猜测攻击,但这也提高了用户记忆口令的难度。Bonneau 等人[14]通过研究显示,用户可以通过间歇学习来记忆 56 比特随机字符串(等价于包含 6 个随机单词或者 12 个随机字符的字符串),而且这些 56 比特随机字符串构成的用户口令足以抵抗暴力猜测攻击。

　　在他们设计的实验中,用户需要在 15 天内登录 90 次实验网站。每一次登录,用户在输入已创建的用户名和口令后,还需要输入 56 比特安全码(security code)。这些安全码是随机生成的,每个安全码包含 3 个块,每一个块由 2 个随机单词或者 4 个随机字符组成。实验中使用的随机单词具体如表 1.1 所示。为鼓励用户记忆安全码,该实验网站在用户输入用户名和口令并等待一定时间后展示第 1 块安全码,在输入第 1 块安全码并等待一定时间后才会展示第 2 块安全码,以此类推。等待时间由登录次数决定,初始等待时间为 0,每一次登录后,等待时间增加 1/3 秒,最高增加到 10 秒。每个用户的安全码都是唯一且固定的。因此,不断增加的等待时间鼓励用户记忆安全码并提前输入安全码以跳过等待时间。另外,用户只有持有安全码才可以在完成实验后拿到奖励,因此安全码可被视为有价值的字符串,即近似于用户口令。该实验希望用户在不了解实验目的的前提下记忆 56 比特随机安全码,因此用户仅出于节约等待时间的目的来记忆这些安全码。实验显示,用户登录实验网站和完成整个实验过程的平均耗时分别为 6.9 秒和 11 分 53 秒。

　　用户完成实验并停止使用安全码 3 天后,研究人员要求用户根据记忆找回安全码。用户找回安全码的平均耗时为 4 天 23 小时,并且成功找回随机字符安全码的用户有 46 个(共计 56 个用户,成功率 82%),成功找回随机单词安全码的用户有 52 个(共计 56 个用户,成功率 93%)。通过隐式地鼓励用户记忆安全码,该实验表明,15 天的间歇学习可以帮助用户实现记忆 56 比特随机口令的任务。

Bonneau 等人的这一研究对于用户记忆一枚安全的 56 比特随机口令具有指导意义。但每个用户通常都持有多枚口令,而记忆多枚口令无疑会成为用户的沉重负担。Das 等人[2]研究了同一个用户持有的多个口令,发现这些口令存在相似性:用户创建的新口令通常是对已有口令进行修改后得到的,或者直接重用已有口令。在 224 份用户调研中,51% 的用户在创建新的口令时重用了已有口令,26% 的用户则是对已有口令进行了部分修改。该实验表明,为降低记忆口令的难度,大部分用户选择了重用口令。然而,口令的重用使攻击者得以利用口令间的相似性发起猜测攻击,大大降低了口令安全性。因此,创建并记忆足够安全的用户口令仍是一个需要不断探索的系统安全研究领域。

表 1.1　随机单词安全码使用的 676(26^2) 个单词

able	abuse	acid	acorn	acre	actor	add	adobe	adult
aft	age	agile	agony	air	alarm	album	alert	alive
ally	amber	ample	angle	anvil	apply	apron	arbor	area
army	aroma	arrow	arson	ask	aspen	asset	atlas	atom
attic	audit	aunt	aura	auto	aware	awful	axis	baby
back	bad	baker	bare	basis	baton	beam	beer	begin
belly	bench	best	bias	big	birth	bison	bite	blame
blind	bloom	blue	board	body	bogus	bolt	bones	book
born	bound	bowl	box	brain	break	brief	broth	brute
buddy	buff	bugle	build	bulk	burst	butt	buy	buzz

续 表

cabin	cadet	call	camp	can	cargo	case	cedar	cello
cent	chair	check	child	chose	chute	cider	cigar	city
civil	class	clear	climb	clock	club	coal	cobra	code
cog	color	comic	copy	cord	cost	court	cover	craft
crew	crime	crown	cruel	cups	curve	cut	cycle	daily
dance	dark	dash	data	death	debt	decoy	delay	depot
desk	diary	diet	dim	ditto	dizzy	dose	doubt	downy
dozen	drawn	dream	drive	drop	drug	dry	due	dust
duty	dwarf	eager	early	easy	eaten	ebb	echo	edge
edit	egg	elbow	elder	elite	elm	empty	end	enemy
entry	envy	equal	era	error	essay	ether	event	exact
exile	extra	eye	fact	faith	false	fancy	far	fatal
fault	favor	feast	feet	fence	ferry	fetch	feud	fever
fiber	field	fifty	film	find	first	fit	flat	flesh
flint	flow	fluid	fly	focus	foe	folk	foot	form
four	foyer	frame	free	front	fruit	full	fume	funny
fused	fuzzy	gala	gang	gas	gauge	gaze	gel	ghost
giant	gift	give	glad	gleam	glory	glut	goat	good
gorge	gourd	grace	great	grid	group	grub	guard	guess
guide	gulf	gym	habit	half	hand	happy	harsh	hasty
haul	haven	hawk	hazy	head	heel	help	hem	here
high	hike	hint	hoax	holy	home	honor	hoop	hot
house	huge	human	hurt	husk	hyper	ice	idea	idle
idol	ill	image	inch	index	inner	input	iris	iron
issue	item	ivory	ivy	jade	jazz	jewel	job	join
joke	jolly	judge	juice	junk	jury	karma	keep	key
kid	king	kiss	knee	knife	known	labor	lady	laid

lamb	lane	lapse	large	last	laugh	lava	law	layer
leaf	left	legal	lemon	lens	level	lies	life	lily
limit	link	lion	lip	liter	loan	lobby	local	lodge
logic	long	loose	loss	loud	love	lowly	luck	lunch
lynx	lyric	madam	magic	main	major	mango	maple	march
mason	may	meat	media	melon	memo	menu	mercy	mess
metal	milk	minor	mixed	model	moist	mole	mom	money
moral	motor	mouth	moved	mud	music	mute	myth	nap
navy	neck	need	neon	new	nine	noble	nod	noise
nomad	north	note	noun	novel	numb	nurse	nylon	oak
oats	ocean	offer	oil	old	one	open	optic	orbit
order	organ	ounce	outer	oval	owner	pale	panic	paper
part	pass	path	pause	pawn	pearl	pedal	peg	penny
peril	petty	phase	phone	piano	piece	pipe	pitch	pivot
place	plea	plot	plug	poet	point	polo	pond	poor
poppy	porch	posse	power	press	price	proof	pub	pulse
pump	pupil	pure	quart	queen	quite	radio	ram	range
rapid	rate	razor	real	rebel	red	reef	relic	rents
reply	resin	rhyme	rib	rich	ridge	right	riot	rise
river	road	robot	rock	roll	room	rope	rough	row
royal	ruby	rule	rumor	run	rural	rush	saga	salt
same	satin	sauce	scale	scene	scope	scrap	sedan	sense
serve	set	seven	sewer	share	she	ship	show	shrub
sick	side	siege	sign	silly	siren	six	skew	skin
skull	sky	slack	sleep	slice	sloth	slump	small	smear
smile	snake	sneer	snout	snug	soap	soda	solid	sonic
soon	sort	soul	space	speak	spine	split	spoke	spur

续　表

squad	state	step	stiff	story	straw	study	style	sugar
suit	sum	super	surf	sway	sweet	swift	sword	syrup
taboo	tail	take	talk	taste	tax	teak	tempo	ten
term	text	thank	theft	thing	thorn	three	thumb	tiara
tidal	tiger	tilt	time	title	toast	today	token	tomb
tons	tooth	top	torso	total	touch	town	trade	trend
trial	trout	true	tube	tuft	tug	tulip	tuna	turn
tutor	twist	two	type	ultra	uncle	union	upper	urban
urge	user	usual	value	vapor	vat	vein	verse	veto
video	view	vigor	vinyl	viper	virus	visit	vital	vivid
vogue	voice	voter	vowel	wafer	wagon	wait	waltz	warm
wasp								

1.4　用户口令面临的威胁

　　用户口令通常关联着系统重要账户的访问许可,或者重要文件的解密,因此长期以来是黑客攻击的首要目标。当前,用户口令面临着钓鱼攻击、口令猜测攻击、撞库攻击、社会工程攻击、侧信道攻击等诸多威胁。

1.4.1　钓鱼攻击

　　钓鱼攻击(phishing)[15,16]是目前网络上危害最大、存在最广泛的个人数字身份(用户名＋口令为一种重要的个人数字身份)窃取手段之一。钓鱼攻击的英文单词由两个词组成:phreaking 和 fishing。这里,

phreaking 指的是 20 世纪 70 年代免费打电话的欺骗手段，而 fishing 则是指使用诱饵诱惑受害者的欺骗方法。

钓鱼攻击可以骗取用户口令、一次性口令等与用户安全紧密相关的敏感信息。通常，网络钓鱼攻击者通过发送一些似是而非的电子邮件或者短信，诱使警觉性较低的用户在与合法网站相似度极高的非法网站中输入用户名和口令从而达成窃取用户数字身份的目的。

如图 1.5 所示，一个成功的钓鱼攻击可以分为以下几个步骤。

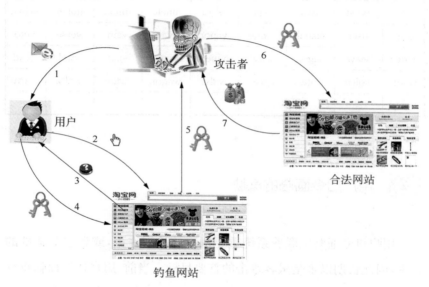

图 1.5　网络钓鱼攻击的步骤

步骤 1　恶意攻击者通过电子邮件、手机短信、聊天软件等途径向大量用户散布以合法网站名义发布的虚假信息（如中奖信息等），诱骗用户访问攻击者架设的钓鱼网站（非法）。

步骤 2　攻击者架设的钓鱼网站时，除了会在外观上模仿合法网站外，在注册网站域名时，也会利用某些字母和数字之间、字母和字母之间相似的形状特征（如数字 1 和小写字母 l），使非法网站的域名与合法网站的域名乍看起来非常相似。用户一旦相信了攻击者散布的虚假信息，访问了攻击者指定的网站，很容易误认为自己当前访问的就是合法网站。

　　步骤 3　用户一旦访问了这些攻击者伪造的网站，钓鱼网站会要求用户提供用户名和口令以登录系统。

　　步骤 4　由于钓鱼网站的外观和用户曾经访问过的合法网站非常相似，域名地址也形似，警觉性低的用户很容易不假思索就输入了自己在合法网站的用户名和口令。

　　步骤 5　用户在钓鱼网站中输入自己的用户名和口令，并点击登录按钮进行提交之后，用户在合法网站的登录信息就会落到攻击者手中。

　　步骤 6　攻击者一旦窃取了用户在合法网站的口令，就可以把自己伪装成合法的用户，使用这些用户名和口令，登录合法网站。

　　步骤 7　攻击者利用窃得的用户名和口令登录合法网站后，进一步窃取用户的隐私信息，譬如购买记录和行程信息，甚至通过转账、购物等方式窃取用户的金钱。

　　尽管经受过良好教育的用户很容易识别钓鱼攻击，但钓鱼攻击仍然是一种效率极高的攻击手段。从经济学的角度考虑：假设攻击者发送出 2 000 000 封假冒电子邮件，诱惑用户点击；其中 5％（100 000）的邮件绕过了反钓鱼过滤软件呈现在终端用户前；再有 5％（5 000）的用户点击了邮件里的钓鱼网站链接；而最终有 2％（100）的用户在钓鱼网站页面输入了账户信息；假设攻击者平均利用每个账户转出 1 200 元，则一次钓鱼攻击的潜在的回报是 120 000 元。而对攻击者来说，他所需要付出的成本仅仅是：一封精心准备的钓鱼邮件＋2 000 000 个电子邮件地址＋一个粗劣的钓鱼网站＋等待时间。攻击者可以非常方便地从网上获取前三者，而最后的等待时间则基本不影响攻击者的日常活动。

1.4.1.1　特殊的钓鱼攻击：网址嫁接和鱼叉攻击

如果说在普通的钓鱼攻击中，用户还可以通过仔细检查访问的网站的域名地址的字符组成，从一定程度上进行防范的话，那么另外一种更具技术性的钓鱼攻击方法——**网址嫁接攻击**（pharming）则令人防不胜防。根据浏览器的工作原理，当用户在浏览器输入网站的域名地址，请求访问网站时，浏览器首先联系域名系统（domain name system，简称"DNS"）服务器，把用户输入的域名解析为对应的 IP 地址，并将 IP 地址作为结果返回给浏览器。浏览器根据这个 IP 地址访问用户指定的合法网站。网址嫁接攻击的攻击者通过劫持 DNS 服务器，篡改 DNS 服务器中域名和 IP 地址的关联，使用户即使在浏览器中输入了正确的域名，也会解析到恶意的 IP 地址作为返回结果，最终用户被导向了非法网站。接下去用户就会沿着图 1.5 中步骤 3 至步骤 7，遭受攻击者的钓鱼攻击。

鱼叉攻击（spear phishing）则是另一种比较特殊的钓鱼攻击。它通过公开数据获取受害者的社会关系，然后给他们发送钓鱼邮件，一般会假扮成一些被信赖的组织来骗取用户的信任，从而诱骗用户更新他们的账户。邮件中，攻击者可能会对那些不予以回音的用户发出中止账户的威胁，也可能会用礼物或者奖金作为诱饵，吸引用户回复邮件。一般来说，鱼叉攻击者会骗取用户的口令，或者是引诱受害者点击会令用户电脑系统下载间谍软件（spyware）或其他恶意程序的链接。

1.4.1.2　反钓鱼组织

权威的"反钓鱼工作组"（anti-phishing work group，简称"APWG"）①一直致力于在全球范围内打击网络上的钓鱼攻击。该工作

---

① 参见 https://apwg.org/。

组是一个由各行各业的专业人士组成的非营利组织,其目标是减少网络欺诈、犯罪和身份窃取。APWG 的第一次会议于 2003 年 11 月在美国旧金山召开。2020 年随着新型冠状病毒疫情在全球的蔓延,很多企业和个人受到极大的影响,这种情况很容易为网络犯罪分子提供进行网络攻击的理想条件,譬如发送包含工作机会介绍的邮件给失业者,而该邮件的读者则很容易被诱导点击邮件中的链接进而落入钓鱼攻击者埋设的陷阱中。这种状况导致 2020 年与新冠肺炎疫情相关的网络钓鱼和恶意软件攻击事件大幅增多。中国也于 2008 年成立了类似的民间反钓鱼行业协调组织:中国反钓鱼网站联盟[①](Anti-Phishing Alliance of China,简称"APAC"),联盟秘书处设在中国互联网络信息中心。

1.4.2　口令猜测攻击

口令猜测攻击通过构造用户可能创建的口令样本对真实口令进行猜测以获取用户账户的访问权限或解密文件。这里将用户口令猜测的过程描述如下:对于口令单向函数 $proc(p, r)$(其中 p 表示口令,r 为随机值或者安全协议中所规定的其他内容),已知待猜对象 c_0 和 r,需要求解出口令 p_0,满足 $c_0 = proc(p_0, r)$。具体来说,口令单向函数既可以是散列函数,也可以是其他单向过程。由于口令单向函数 $proc()$ 的单向性,很难从 c_0 直接求逆得到 p_0。因此,研究人员通常需要通过不断尝试可能的 p_0,使用口令单向函数对其进行计算来得到对应的单向结果,并与 c_0 进行比较,如果相同则表示口令猜测成功。

口令猜测攻击根据猜测次数限制,可以分为**离线猜测攻击**和**在线猜测攻击**。离线猜测攻击通常可以使用尽可能多的计算资源,实现多达数百万亿甚至更多次的猜测尝试;而在线猜测攻击需要在正常网站

---

① 参见 http://www.apac.cn/。

中输入样本口令。受限于网站的保护措施，在线猜测攻击往往只能尝试有限的次数，例如三次。

口令猜测攻击根据所获取目标口令相关信息的角度，可以分为**定向猜测攻击**和**非定向猜测攻击**。定向口令猜测攻击是指针对某个特定用户对其口令进行猜测。这种攻击形式由于更具有针对性，因此在构造口令猜测样本时会更多地与目标用户的个人信息相关，且在攻击的过程中可以针对该用户尝试足够多的口令组合。非定向口令猜测攻击则是指不针对某个特定用户，而是广泛地对已获取的被保护的口令信息进行猜测，以尽可能多地恢复出口令。非定向口令猜测更侧重于利用用户群体普遍的口令创建模式和行为来构造出最可能被多数用户创建使用的口令样本。[17]

口令猜测攻击成功的关键在于发现用户口令的创建模式，并由此选取、优化口令猜测攻击模式。最直接的口令猜测样本构造方式即穷举所有字符的可能组合，这种方式见于最早期对口令的猜测攻击，即利用自动化工具穷举较短口令的所有可能组合并进行口令猜测尝试。这种方式构造得到的口令猜测样本在早期用户通常创建 6 位长度以内且绝大部分长度为 3～4 位的口令时比较有效。但随着口令生成策略的引入，用户通常会被要求创建长度不小于 6 位的口令，并且创建的口令被要求包含多种类型的字符。此时，简单的穷举方法已经不能在可接受的计算开销下猜测出更为复杂的用户口令，而且口令单向函数计算强度的不断增加也提高了判断一次猜测是否正确的开销。在此基础上，另一种简单且直观的口令猜测样本构造方式是引入字典和特殊模式，如重复单个字符或短子字符串的字符串、日期、常见姓名等，并引入常见的字符变换规则如大小写变换、相似字符替换等。这种字典构造方式被 hashcat①、

---

① 参见 https://hashcat.net/hashcat/。

John the Ripper(JtR)①等常用的口令猜测工具所使用。但当真实用户口令信息较少时,这种构造字典猜测口令方法的成功率依然有限。为了更好地生成口令猜测样本,以在更小的尝试次数下猜出用户口令,攻击者需要对用户实际生成的口令建立更贴近真实情况的模型。2009年,Rockyou 网站因受到数据库注入攻击泄露了 3 200 多万条用户口令,这使口令安全研究人员获得大量的真实口令用以进行深入研究,口令猜测的研究也取得了新进展。对泄露口令集的分析显示,一些口令生成模式会被许多用户广泛使用,因此可以依据这些规律对用户口令建立概率模型,在口令猜测中依据概率模型生成口令样本,并按照每个口令样本被大多数用户创建的概率从大到小排序,使得口令猜测能在更少的猜测次数内取得更高的猜测成功率。由此,一系列概率模型被研究人员提出或利用,如概率上下文无关文法(PCFG)、马尔可夫模型(Markov model)、神经网络模型等,以及在此基础上的各种改进模型也使得口令猜测的成功率得以提升。

鉴于针对用户口令的猜测攻击是口令安全研究领域最为关注的问题,本书将在第 2 章深入介绍口令猜测攻击。

1.4.3　拖库攻击和撞库攻击

拖库攻击是指攻击者攻破计算机系统的安全机制后,整体窃取系统中包含账户信息的文件或者数据库。这些账户信息通常包含了明文或者密文形式的用户口令。

撞库攻击与口令猜测攻击的目的一样,也是试图获得账户的明文口令。与口令猜测攻击不同的是,撞库攻击者已掌握大量用户名和口令对。攻击者通过网站在线正常登录接口验证该用户名和口令对是否合

---

① 参见 https://www.openwall.com/john/。

法，从而获得该网站的多个合法账户。由于用户通常无意识地在不同网站使用了相同的用户名和口令，这导致撞库攻击非常有效。鉴于过往的口令泄露事件泄露了数百万甚至上千万个用户名和口令对，如果以 2% 重复使用相同用户名和口令的比例进行估算，在其他任意网站都存在数十万相同的用户名和口令对。注意这里说的是"其他任意网站"，包括一些敏感度较高的旅游出行网站、电商网站。例如国内的知名铁路售票网站 12306 和电商网站京东均遭受过撞库攻击。在撞库攻击场景中，黑客无需获取目标网站的任何其他用户数据就可以轻松发起攻击，因此这种攻击对整个互联网生态造成巨大的安全威胁。

1.4.4　社会工程攻击

社会工程（social engineering）攻击是指利用受害者的社会信息——个人信息、社会关系等——发起的一种攻击方式，譬如冒充受害者的上司或者同事，骗取其桌面系统的登录口令。它是使用户顺从攻击者的意愿、满足攻击者欲望的一门"艺术"与"学问"。当然，它并不是单纯控制人的意志，它不能帮助你掌握用户在非正常意识以外的行为。它同样也蕴含了各式各样的灵活构思与变化因素。无论任何时候，在攻击者套取到所需的信息之前，社会工程的实施者都必须：掌握大量与受害者相关的基础信息、花时间去收集资料与进行必要的沟通交流。与以往的入侵行为相类似，社会工程在实施以前都是要完成很多相关的准备工作的，这些工作甚至要比攻击行为本身还要繁重。

使用社会工程攻击用户口令同样也是一件技巧性比较高的"学问"。通过细致调研受害者的相关信息，攻击者会给受害者讲述一些似是而非的故事来骗取受害者的用户名和口令，或者根据受害者的社会信息来猜测口令，因为很多人会使用自己的家庭电话或者小孩的生日作为银行卡口令。

社会工程攻击可以与其他的口令攻击方法相结合以提升攻击效率。在第 1.4.1 节描述的鱼叉攻击中,攻击者往往需要配合使用社会工程攻击,来诱使受害者落入攻击者预设的攻击环境中,譬如把钓鱼邮件的发信人设置成受害者的好朋友或者任职的公司,这样受害者更容易信任邮件内容,进而点击邮件中包含的钓鱼链接。类似地,口令猜测攻击中的定向攻击也需要利用到社会工程攻击中的相关技巧。

1.4.5　侧信道攻击

侧信道(side channel)攻击是指在不直接接触用户口令系统中的明文口令数据或者口令加密数据的情况下,利用计算机系统在处理用户口令数据时产生的各类中间数据或者信号差异,分析这些中间信息以获取用户口令,或者获取用户口令的特征以减少口令猜测空间的一种攻击方法。

侧信道攻击包括缓存攻击、计时攻击(通过设备运算的用时来推断出所使用的运算操作,或者通过对比设备运算的用时来推断出数据位于哪个存储设备,或者利用通信的时间差来进行数据窃取)、基于功耗监控的旁路攻击(同一设备的不同硬件电路单元的运作功耗也是不一样的,因此一个程序运行时的功耗会随着程序使用哪一种硬件电路单元而变动。攻击者根据使用的功耗就可以推断出数据输出位于哪一个硬件单元,进而窃取输出数据)、电磁攻击(设备运算时会泄露电磁辐射,经过精心分析可解析出这些泄露的电磁辐射中包含的信息)、数据残留(可使理应被删除的敏感数据被恢复读取出来)、光学方式(利用一些视觉光学仪器来捕捉隐秘数据,如高清晰度相机、高清晰度摄影机等设备)等。侧信道攻击针对的通常是保护完善的计算机系统或者芯片,它不仅可以窃取用户口令,还可以窃取加密系统的私钥。因此这一攻击带来的危害巨大,但发起这类攻击对攻击者的理论和技术分析能力要求也很高。

1.4.6 用户口令泄露的危害

上述攻击可能导致用户口令泄露，这对于用户、企业乃至整个网络环境来说，都存在极大的危害。

一是合法用户的利益损失。攻击者一旦获得了用户在应用系统中的口令，就可以利用这些信息仿冒用户的数字身份，在合法的网站提交口令，以合法用户的名义进入系统，窃取用户在系统内的私密信息，甚至是金钱，最终导致用户隐私和机密信息的泄露，甚至造成严重的经济损失。攻击者也可以利用这些账户作为跳板，联系用户的同事和好友，骗取他们的信任，从而进一步发起攻击。更为严重的是，对于在不同网站中使用相同口令的普通用户来说，一旦攻击者窃取了他们在某一应用系统的口令，便可以利用相同的口令信息，尝试进入其他流行的应用系统。这类攻击的成功率很高，攻击者能够获取用户在多个网站的私密信息，给用户带来更大的损失。

二是影响商务机构的品牌声誉。除了传统的应用系统，如电子邮件系统外，很多金融机构也架设了网络平台，并积极引导用户使用这些平台来完成越来越多的在线交易活动。引导用户使用金融机构的在线交易不但使用户的交易活动变得简单便捷，而且可以很大程度上缓解金融机构实体营业部的服务压力。用户出于对金融机构品牌的信任，使用了这些平台提供的系统服务。一旦在使用过程中用户的个人数字身份遭窃，用户遭受经济损失，用户很容易迁怒于金融机构，并将相应的业务更换到同行业的其他金融机构。在当前激烈的商业竞争环境中，这样的用户流失会给相应金融机构造成巨大的损失。

三是恶化在线经济的营商环境。众所周知，在线经济以其便捷性正越来越得到广泛应用，而在线经济发展的一个重要的因素就是一个買卖双方都能信赖的信用体系。这一信用体系的有效性充分决定了在线经济推广的普适性。而网络钓鱼等用户口令窃取攻击的蔓延会使用户怀疑在线交易方式的安全性,从而导致他们拒绝使用此类服务。这会恶化在线经济的营商环境,阻碍在线经济的正常发展。

1.5 用户口令安全大事记

用户口令伴随着计算机系统的发展而长期存在,其间发生了不少引起公众广泛关注的事件。

1.5.1 用户口令泄露事件

由于用户口令的高度敏感性,每次用户口令泄露事件都会引起公众的广泛关注。最近这十年,几乎每年都有引起全球公众关注的用户口令和个人信息泄露事件。

2009 年 11 月,美国知名的游戏媒体网站 Rockyou 遭受攻击。黑客通过 SQL 注入漏洞进入系统,窃取了该网站 3 200 多万用户的口令和个人资料等敏感信息,并把部分用户资料发布到互联网。在该起泄露事件中,Rockyou 网站暴露出在信息安全管理上存在松懈:一是用户口令以明文的形式存放于数据库中;二是网站允许大量弱口令的存在,如"12345""123456""password""rockyou"。攻击者使用这些弱口令可以轻松登录 Rockyou 网站的大量账户。

2011 年底,为"提醒"中国政府推动的网络实名制可能引发的负面影响,黑客公布了大批中国网站的明文口令库,包括 CSDN、天涯论坛、嘟嘟牛等国内知名的网站,直接影响的用户数量过亿。其中,CSDN 是当时中国最流行的 IT 论坛之一,拥有超过 1 800 万的注册用户。天涯论坛则是当时中国最大的在线论坛之一，拥有超过6 500 万的注册用户。而嘟嘟牛是一家商业公司，为网吧提供管理服务。攻击者进一步利用这些明文口令及其关联的用户名，借助口令重用这种行为特征，通过撞库攻击获取了数十万个其他高度敏感网站的账户。

2014 年5 月，小米论坛网站的口令库泄露，泄露的数据中包含了用户名、口令、邮箱、注册 IP 地址与盐值（salt）等信息，影响 800 万左右的论坛注册用户。由于小米账户的云特性，这些账户数据的泄露，很可能影响到用户的个人数据备份的安全，譬如通讯录、短信、照片、GPS位置信息。这些账户数据甚至能够被用来远程擦除手机数据（格式化数据）。随后小米官方回应称，于 2012 年8 月前注册的部分论坛账户信息被黑客非法获取，并提醒用户及时修改他们的口令。

2014 年12 月，乌云网发布漏洞报告称，网络上疯狂传播着大量12306 网站的用户数据。该起事件中被泄露的数据高达 131 653 条。每条数据包括用户名、明文口令、身份证号和邮箱等多种信息。此次数据泄露事件源于一场针对 12306 网站的撞库攻击。攻击者拿其他计算机系统泄露出来的用户名和口令，在 12306 网站尝试登录。如果用户名和口令都一样，就"撞开"了 12306 网站的登录关口，进而获得用户的身份证号、个人行程、手机号等非常敏感的个人信息。

2016 年5 月，自称为"和平"（peace）的黑客成功入侵 LinkedIn 服务器，窃取了超过 1 亿条用户信息，并将它们发布到互联网。该数据中有多达 1.17 亿条用户口令。LinkedIn 官方证实了该事件，并称此次被盗的口令都使用 SHA－1 算法进行了加密保护。虽然 SHA－1 算法是一套非常强大的数据加密算法，但如果有足够的时间和计算资源，攻破它并不算难事。特别是，LinkedIn 那个时候还没有采用加盐（salting）手段来保护用户口令，因此，破解这些泄露的用户口令信息对于不法分子来说相对容易达成。早在 2012 年，该公司就曾宣布过攻击者窃取了 650 万个用 SHA－1 加密的用户口令，而 2016 年的泄露事件被认为是 2012 年口令泄露事件的延续。

2016 年 7 月，Yahoo!宣布，它是 2014 年一系列数据泄露事件中最大的受害者。自称为"D33Ds Company"的攻击者通过 SQL 注入攻击窃取了 Yahoo!网站上 4.5 亿条用户名、电子邮件地址和口令等个人信息。2016 年 12 月，Yahoo!披露了另一位攻击者自 2013 年以来的数据窃取行为。该攻击行为泄露了约 10 亿个用户账户的用户名、出生日期、电子邮件地址和用户口令，以及安全性问题和答案。2017 年 10 月，Yahoo!修订了这一估计数，将泄露的用户账户数目更正为 30 亿。

2020 年 11 月，Cit0Day 泄露了 23 600 多个网站的数据，包含约 50 GB 的用户个人信息，其中有大量的明文口令。Cit0Day 是一项黑客服务，用于向黑客兜售业已泄露的用户个人信息。Cit0Day 网站于 2018 年 1 月开始服务，但已于 2020 年 9 月关闭。

这些泄露事件由于受影响的用户众多，账户的敏感度较高，每次事件的爆发都引发大量的社会关注，造成了严重的不良社会影响。

在口令泄露事件的推动下，用户口令安全受到了社会的广泛关注。公众纷纷质疑网站为何自己的口令会以明文的形式存放在网站数据库中？值得注意的是，各种信息安全类教科书均将这种以明文形式存放口令的方法作为典型的系统安全实现的反面例子。从这方面来说，即便是对于资深的软件开发人员，培养他们的系统安全意识还是任重且道远的。

受上述泄露事件的影响，各个互联网公司普遍升级了它们的用户口令安全存储方式。同时，关于口令存储安全的问题也引起了密码算法学界的关注。研究人员提出了更能抵御离线猜测攻击的散列算法，来保护存储在服务器端的用户口令。

1.5.2　世界口令日

鉴于普通用户设置口令的随意性与用户口令的重要性，为提升大众的口令安全意识，在英特尔公司安全部门的推动下，自 2013 年起，每年五月的第一个星期四被设为世界口令日（World Password Day）。英特尔公司安全部门的提议来自一位名为马克·伯内特（Mark Burnett）信息安全研究人员：伯内特于 2005 年在他撰写的《完美的口令》（*Perfect Password*）一书中，提议设置一个年度纪念日来提醒用户更新他们的重要口令。

第一个被公众广为关注的世界口令日发生在 2015 年 5 月 7 日，当天多家媒体对此进行了广泛报道，提醒公众重视"弱口令"，讨论了定期更改口令的策略等用户口令安全话题。最近几年，关于世界口令日的活动越来越受到安全研究人员和互联网厂商的重视。

第2章

用户口令猜测方法与系统

2.1 口令猜测攻击的分类与方法

口令猜测攻击是攻击者用来破解或者恢复口令的一种技术,具体是指攻击者通过一些简单或者复杂的方法尝试获取用户的明文口令,以此获得目标系统或账户的访问权限,进而达成窃取用户数据等目的。根据攻击者进行猜测攻击时对尝试次数的限制要求,口令猜测攻击可以分为两类:**离线猜测攻击**和**在线猜测攻击**。

- **离线猜测攻击**意味着攻击者可以尝试近乎无限次(通常在 $10^{10} \sim 10^{14}$,这取决于猜测系统的计算能力和散列函数加密一次所需要的计算资源)的猜测。这类猜测攻击通常发生在计算机系统中加密的口令文件或数据被恶意泄露后。为了保护用户的隐私,用户口令在计算机系统的数据库里通常不以明文形式存储。计算机系统通常会用散列函数对用户口令进行一次或多次加盐和加密,最终以密文形式存储用户口令。由于散列函数是单向函数(one-way function),即没有反函数,这就意味着加密的口令数据集被泄露后,攻击者理论上很难直接从密文恢复出用户的明文口令。如第 1.4.2 节所述,**离线猜测攻击**就是尝试从密文还原出用户的明文口令的过程。当攻击者试图从加密密文中恢复用户口令时,他们往往需要生成大量的候选口令,而这些候选口令的数量就是**离线猜测攻击**的猜测数。在**离线猜测攻击**中,能尝试的口令猜测数最终受到攻击者可提供的计算能力、生成候选口令所需要的时间,以及比较候选口令和目标口令的时间限制:通常计算能力越强,允许尝试的次数越多;散列函数加密的速度越慢,生成候选口令所需要的时间也会越长,允许尝试的次数则越少。

- **在线猜测攻击**意味着攻击者试图通过在计算机系统上直接输入用户可能设置的口令(即候选口令)来访问账户。攻击者可以尝试的输入次数(即在线猜测的猜测次数)通常是有限的,例如三次。具体可以尝试的次数取决于计算机系统允许正常用户最多尝试输入口令次数的设置。

在现实的口令猜测场景中,考虑到计算机系统对于猜测次数的限制,在线猜测的攻击实施相对困难。因此大多口令猜测方法针对的是离线猜测场景,即从单向函数加密后的密文中还原出明文口令。而在数据驱动的口令猜测方法被提出后,口令猜测又出现了新的分类方式:**定向猜测攻击**和**不定向猜测攻击**。

- **定向猜测攻击**意味着攻击者发起猜测攻击的目标是某个确定的账户。攻击者可以通过收集用户的个人信息等内容来构建有针对性的候选口令,进而实施有针对性的口令猜测。由于目标账户的确定性,定向猜测攻击通常可以在在线猜测攻击场景下实施。

- **不定向猜测攻击**意味着攻击者攻击的目标一般不是某个特定的账户,而往往是一个待破解的口令数据集或者一批加密密文。攻击者没有针对候选口令的其他额外辅助信息,因而**不定向猜测攻击**可以尝试的猜测次数通常要比**定向猜测攻击**多得多。

本章将根据口令猜测方法的发展历史,从暴力破解与口令字典,到基于启发式规则的口令猜测方法,再到数据驱动的口令猜测方法,介绍各自方法的原理与特点,以及它们在上述不同猜测场景中的应用。

2.1.1 暴力破解与口令字典攻击

暴力破解攻击（brute-force attack）方法本质是一种枚举法，即穷举出一枚口令的所有可能的组合情况，并将这些组合作为候选口令，以实施口令猜测攻击。假设要用暴力破解方法去破解一条长度为 n 的、完全由小写字母构成的口令。小写字母一共有 26 个，这就意味着候选口令的每一位字符都存在 26 种可能，因此最后这枚口令所有可能的组合情况一共有 26^n 种。换句话说，攻击者最多尝试 26^n 次攻击就一定可以猜中一条长度为 n 的、完全由小写字母构成的用户口令。由于暴力破解考虑了目标口令的所有可能性，因此攻击者只要有足够的计算能力和等待时间，就一定能够破解出目标口令。但实际上暴力破解对于攻击者来说是一种很低效的攻击手段，尤其是当用户使用多种类型的字符来构建口令并增加口令长度时，待破解的目标口令对应的所有可能的组合情况会出现指数级的增长，最终导致暴力破解在现有的算力下需要数年乃至数十年的时间才能穷举目标口令的所有可能组合，而这样的等待时间对攻击者来说是不可接受的。

与暴力破解方法不同，**口令字典攻击**（dictionary attack）不会去搜索全部的口令空间（即枚举目标口令的所有可能的组合），而是会预先设置一个候选口令列表，然后尝试匹配该列表中的所有候选口令。这个候选口令列表包含了攻击者认为很可能被用户用作目标口令的字符串。考虑到用户在创建口令时为了方便记忆会使用字典中的单词直接作为自己的口令，最初的字典攻击的候选口令列表使用的就是英文字典中的单词，这也是"字典攻击"名称的由来。随着时间的推移，攻击者也会把利用其他口令猜测方法从泄露的数据中恢复出的真实口令添加到候选口令列表中。这使得字典攻击变得越来越有效的同时，也使得其对于存储空间的需求变得越来越大。

总的来说：暴力破解是一种节省存储空间的破解方法，它不需要预先存储大量的候选口令；而字典攻击则是一种节省生成候选口令时间的做法，它提前计算候选口令列表中的每个候选口令对应的散列值并存储下来，避免每次攻击都花费时间生成候选口令，以提高猜测的速度。为了在口令猜测时能更充分地利用时间和空间资源，研究人员又提出了一种综合权衡时间资源和空间资源的口令破解方法——**彩虹表**（rainbow table）攻击。

彩虹表攻击本质上是一种通过适当增加一些计算时间的开销来换取存储空间占用减少的一种口令猜测方法。在介绍彩虹表之前，先介绍彩虹表的前身——**预先计算的散列链**（precomputed hash chains）。如式（2.1）所示，一条**预先计算的散列链**涉及两个函数：H 函数和 R 函数。H 函数为目标口令的散列函数（hash function），它将明文口令加密成密文；而 R 函数为归约函数（reduction function），它的定义域和值域与散列函数 H 相反。归约函数可以将密文归约为一个与原来的明文口令具有相同格式的字符串。在式（2.1）中，初始明文为 7 个小写字母构成的口令"abcdefg"，用散列函数把它加密成密文之后，归约函数可以从密文中归约出同样由 7 个小写字母构成的明文口令"sfkgled"，然后再用散列函数对"sfkgled"加密，最后再利用归约函数从密文中归约得到的也是由 7 个小写字母构成的明文口令"wqasfts"。

$$\text{abcdefg} \xrightarrow{\text{H}} 237\text{EAG}48 \xrightarrow{\text{R}} \text{sfkgled} \xrightarrow{\text{H}} 765\text{REV}23 \xrightarrow{\text{R}} \text{wqasfts} \quad (2.1)$$

要想得到一条**预先计算的散列链**，首先需要随机选择一个明文口令，譬如"abcdefg"，然后计算它加密后的密文，再对该密文利用归约函数得到一个同格式的明文口令，重复使用散列函数和归约函数各 k 次，就可以得到一条长度为 k 的散列链。进一步，以大量不同的随机明文口令作为初始值，通过重复上面的步骤就可以得到大量的散列链，而这些散列链就可以构成一张散列链表。在存储散列链表的时候，只需要存储每条链的头节点和尾节点,而不用存储每条链上的中间节点,这样就达到了减少存储空间占用的目的。然后,攻击者利用提前存储好的散列链表,就可以尝试破解散列函数单向加密后的口令密文。

假设攻击者拥有一个散列链表,其中每条链的长度都为 k,即每条链上都执行过 k 次 H 函数和 k 次 R 函数的操作。现在有一条散列后的密文需要利用该散列链表去破解。对于这条散列后的密文来说,它如果能被破解的话,一定与散列链表中某条散列链的某个位置的密文相同,这样才能知道它是由前一个明文口令加密得到的。因此,首先要确定的是这条密文是否属于该散列链表中的某条散列链。

由于在存储散列链表时只存储了每条链的头节点和尾节点,它们的分工其实很明确:头节点用来重复执行 H 函数和 R 函数从而恢复出整条散列链的内容,尾节点用来确定某条密文是否在这条链上。具体的确定方法就是先对待破解的散列后的密文执行一次 R 函数进行归约,得到一个明文口令后,比较它和每条散列链的尾节点。如果没有相同的情况,就再对前面得到的明文口令执行 H 函数和 R 函数,然后再将得到的明文口令和每条散列链的尾节点进行比较。还是不同的话就重复执行 H 函数和 R 函数以及比较操作。如果目标密文在某条散列链上,那么它至多执行 k 次 R 函数,某次执行后得到的明文口令就和某条散列链的尾节点是一样的。这是因为如果这个密文是在这条散列链上的话,由于链的长度限制,对密文至多执行 k 次 R 函数后就一定可以到达尾节点的位置,即得到和尾节点相同的明文口令。而如果对目标密文执行了 k 次 R 函数之后(以及中间的 $k-1$ 次 H 函数),还是没有在某条散列链的尾节点中找到相同的值,那就意味着用当前的散列链表无法破解目标的散列密文,即破解失败。

从使用**预先计算的散列链**来破解口令密文的过程中,可以发现,如果使用的是一个长度为 k 的**预先计算的散列链表**(即该散列链表中的散列链长度均为 k),那么对于一条加密密文而言,破解它所需的函

数计算次数不超过 $2k-1$（k 次 R 函数的计算和 $k-1$ 次 H 函数的计算），这相较于暴力破解节省了大量的计算时间。此外，由于每条散列链只存储头节点和尾节点的值，而不是整条链的内容，这相较于字典攻击也可以节省很多的存储空间。尽管**预先计算的散列链**已经在时间和空间的消耗上做了很好的权衡，但是 R 函数的设计却成为了散列链表的一个难点。如果一个 R 函数的分布不够随机的话，就可能会频繁出现如式（2.2）和式（2.3）的碰撞情况：

$$123 \xrightarrow{H} ECDFDE \xrightarrow{R} 233 \xrightarrow{H} EGFHAC \xrightarrow{R} \mathbf{666} \xrightarrow{H} \mathbf{HEDAFC} \xrightarrow{R} \mathbf{777}$$

$$(2.2)$$

$$321 \xrightarrow{H} FCEFDA \xrightarrow{R} \mathbf{666} \xrightarrow{H} \mathbf{HEDAFC} \xrightarrow{R} \mathbf{777} \xrightarrow{H} DAFHGB \xrightarrow{R} 888$$

$$(2.3)$$

在式（2.2）和式（2.3）中，由于 R 函数的分布不够随机，从而将密文"EGFHAC"和"FCEFDA"都归约成了明文口令"666"，进而导致两个式子中的 $\mathbf{666} \xrightarrow{H} \mathbf{HEDAFC} \xrightarrow{R} \mathbf{777}$ 的部分出现了重叠，也即两条散列链发生了"碰撞"。这种碰撞情况的出现会导致这两条散列链实际上能破解的明文口令数量远小于理论值。如果碰撞的起点对应的是两条散列链中相同的位置，那么发生重叠的部分会一直延续到两条散列链的尾节点，这样通过尾节点就可以直接判断出这两条散列链发生了碰撞。但是，当发生错位的碰撞时，两条散列链的尾节点还是不同的。并且由于存储的时候只存储了每条散列链的头节点和尾节点，因此难以根据尾节点迅速地发现这样的碰撞问题。

彩虹表的出现，针对的就是上面提到的散列链错位碰撞问题。彩虹表中的散列链并不使用统一的 R 函数，而是根据执行的次序分别使用 R_1，R_2，…，R_k 这 k 个不同的 R 函数，即在进行第 k 次规约操作时使用 R_k 函数。这样即使有两条散列链发生了错位碰撞，也通常会变成如式(2.4)和式(2.5)的情况：

$$123 \xrightarrow{H} ECDFDE \xrightarrow{R_1} 233 \xrightarrow{H} EGFHAC \xrightarrow{R_2} \textbf{666} \xrightarrow{H} \textbf{HEDAFC} \xrightarrow{R_3} 777$$

$$(2.4)$$

$$321 \xrightarrow{H} FCEFDA \xrightarrow{R_1} \textbf{666} \xrightarrow{H} \textbf{HEDAFC} \xrightarrow{R_2} 673 \xrightarrow{H} DAFHGB \xrightarrow{R_3} 872$$

$$(2.5)$$

在式(2.4)和式(2.5)中，由不同的散列密文归约出来的明文口令"666"发生了错位碰撞，但由于它们位于两条散列链中不同的位置，因此它们后续执行的归约函数是不一样的，这样一来，后续的值就不会继续发生重叠，于是就解决了错位碰撞问题。虽然彩虹表解决了错位碰撞问题，但是由于 R 函数的使用变得更为复杂，因此使用彩虹表来破解散列密文的过程也变得更复杂了。

在基于彩虹表猜测某条散列后的密文的过程中，首先需要假设它最终在某条散列链中的位置，然后根据这个位置进行后续的 R 函数运算，直到执行完 R_k。执行完 R_k 后得到一个明文口令，把它和存储的彩虹表中各散列链的尾节点进行比较：如果找到相同值的尾节点，就可以利用其对应的头节点恢复出这条散列链，从而找出目标密文所对应的明文口令；如果没有匹配到相同值的尾节点，就继续假设目标密文在最终可能的散列链的其他位置上，然后重复上述步骤；如果所有位置都尝试之后还是没有在尾节点中找到相同的明文口令，那就意味着使用该彩虹表破解目标密文失败。

2.1.2　基于启发式规则的口令猜测

基于启发式规则的口令猜测是字典攻击的衍生方式。相关研究[2,18]表明，用户在不同计算机系统上创建口令时有重复使用旧有口令的习惯，即"口令重用"。口令重用可以分为两种情况：一是对原口令不做任何的修改，直接在新的计算机系统中使用；二是对原口令根据个人的一些使用习惯进行变形，譬如在原口令最后加上"123"，然后在新的计算机系统中使用变形后的新口令。在第一种情况下，当用户的某个旧有口令被攻击者获取到明文内容后，攻击者直接使用字典攻击就可以轻易破解用户在其他计算机系统上未作修改的口令；而在第二种情况下，攻击者则需要对字典列表中的候选口令应用一些诸如口令变形的启发式规则来得到新的候选口令，再尝试猜测正确的口令。

一如我们在前文中提到的，在实际的基于启发式规则的口令猜测过程中，攻击者常用一些软件工具来生成候选口令，如图 2.1 所示的 hashcat 和 JtR(John the Ripper)。

(a) hashcat   (b) John the Ripper

图 2.1 口令破解工具

hashcat 是一种流行的口令破解工具。它支持 Windows、Linux 等多种计算机系统。不仅如此，hashcat 还支持 CPU、NVIDIA GPU、ATI GPU 进行口令破解计算。hashcat 也具有十分灵活的破解方式，包括暴力破解、掩码攻击、字典攻击、组合攻击(combinator attack)等。

JtR 是一个支持 Windows、Linux、OpenVMS 等多种计算机系统的口令破解工具。它支持破解 MD5、SHA-256、DES(一种对称加密算法，但可以用于单向加密)等多种流行的加密算法保护下的用户口令。它还具有多种攻击模式,包括暴力破解模式、字典攻击模式、遍历攻击模式、马尔可夫攻击模式,以及由用户自定义的扩展攻击模式。JtR 的口令破解过程大致为:根据用户选定的攻击模式产生候选口令,然后根据配置的加密算法计算候选口令对应的密文,最后将计算出的密文与待破解的密文进行对比,若能匹配(即两者相同),则表示破解成功。此外,JtR 提供了一些自定义参数让用户可以选择是否要真正地进行口令猜测。当用户输入命令 **-stdout** 时,JtR 不进行散列函数的计算和后续的密文对比,而是直接输出明文的候选口令到命令行界面或者指定的文件。

在 hashcat 和 JtR 中,**基于启发式规则的口令猜测**分别对应着 hashcat 中的"基于规则的攻击"(rule-based attack)和 JtR 中的"字典列表模式"(wordlist mode)。这两种基于启发式规则的口令猜测都是在软件中输入字典列表和规则列表。"字典列表"就是字典攻击中使用的那些候选口令列表,由很多常见单词和常用口令构成;而"规则列表"则包含着多条规则,每条规则包含着针对单枚口令的一个或者多个变形的操作。该攻击模式在两个工具中的区别在于:hashcat 遵循着单词的顺序,即给定字典列表中的一个单词,对它应用规则列表中的所有规则后才会使用下一个单词;而 JtR 遵循着规则的顺序,即给定一条规则,将它应用到字典列表中的所有单词后才会使用下一条规则。

启发式规则往往由一个或多个简单的变形操作构成。这些变形操作大致可以分为以下四类:

——口令构成元素不变且长度不变的变形,譬如翻转操作(从"123456"到"654321")、平移操作(从"123456"到"234561");

——口令构成元素变化但长度不变的变形,譬如首字母大写操作(从"password"到"Password")、字符替换(从"password"到"p@$$w0rd");

——口令构成元素不变但长度变化的变形,譬如重复操作(从

"password"到"passwordpassword"）、反射操作（从"password"到"passworddrowssap"）；

——口令构成元素变化且长度变化的变形，譬如添加前缀或后缀操作（从"password"到"！password123"）、删除前缀或后缀操作（从"！password123"到"password"）。

2.1.3 数据驱动的口令猜测概述

2009年以来，国内外各大网站频频发生数据库泄露事件，这些数据库包含大量的用户口令数据。大量的用户口令数据在帮助丰富字典列表的同时，也推动了数据驱动的口令猜测方法的发展。

数据驱动的口令猜测通过分析大量的用户口令数据来建立数学概率模型，然后利用数学概率模型生成用户很可能会使用的口令字符串（即高概率的候选口令）。目前数据驱动的口令猜测中比较典型的数学模型有 PCFG 模型（probabilistic context-free grammar model）、马尔可夫模型（Markov model），神经网络模型（以 LSTM 为代表，即 long short-term memory model）和深度学习模型（deep learning model）。这些模型最早都是在自然语言处理（natural language processing，简称"NLP"）研究领域被提出的，用于分析自然语言中的句法构成和上下文语法关联，也用于文本预测和文本生成。自 21 世纪初，口令安全领域的研究人员成功将这些模型应用到口令猜测研究工作之中。数据驱动的口令猜测方法是目前在猜测效果上最好的方法，即在相同的猜测数的情况下，数据驱动的口令猜测方法能猜中最多的口令。但是它生成候选口令的速度比前面提到的软件工具要慢，并行性较差。这也是用户在选择口令猜测方法时需要权衡的一个因素。下一节将对基于上述模型的数据驱动的口令猜测方法做详细的介绍。

2.2 数据驱动的口令猜测方法

2.2.1 基于概率上下文无关文法的方法

基于概率上下文无关文法(probabilistic context-free grammar,简称"PCFG")的口令猜测方法是近年来非常流行的一种猜测方法,由 Weir 等人在 2009 年提出。[19]本节将首先介绍基于 PCFG 的口令猜测方法的基本原理,然后补充介绍以此为基础优化改进的一些口令猜测方法。

在介绍基于概率上下文无关文法的口令猜测方法之前,首先介绍上下文无关文法。在自然语言处理中,一个上下文无关文法 G 由四项基本元素(V、Σ、S、P)组成。V 表示非终结符(non-terminal)构成的有限集合,其中的非终结符一般用大写字母来表示;Σ 表示终结符(terminal)构成的有限集合,其中的终结符在自然语言处理研究中一般用小写字母来表示,而在口令猜测研究中,则是指构成口令的具体字符,可能为字母、数字和特殊符号;S 是开始符(start symbol);P 是关系式(production),P 通常以式(2.6)的形式出现:

$$\alpha \to \beta \qquad (2.6)$$

在式(2.6)中:α 可能是开始符,也可能是一个单独的非终结符;而 β 可能是一个由非终结符构成的字符串,也可能是一个由终结符构成的字符串。关系式 P 表示的,既可能是从开始符到由非终结符构成的字符串的过程,也可能是从一个单独的非终结符到由终结符构成的字符串的过程。上下文无关文法的目标,就是从开始符开始,最终生成全部由终结符构成的字符串。如果给每个关系式 P 赋以一个概率,就可以称之为"概率上下文无关文法"。

　　一个完整的概率上下文无关文法要求以同一个 α 为开头的所有关系式的概率和为 1，即 100%。举例来说，一个概率上下文无关文法如表 2.1 所示。正如前面所介绍的，其中 S 为开始符，A 和 B 为非终结符，"pass""key""word""book"为终结符。可以看到，以开始符 S 为开头的关系式有 $S \to AB$ 和 $S \to BA$，它们的概率和为 70%＋30%＝100%。同样地，分别以单独的非终结符 A 和 B 为开头的关系式也各自都满足概率和为 100% 的要求。

表 2.1　概率上下文无关文法的示例

关系式	概率
$S \to AB$	70%
$S \to BA$	30%
$A \to pass$	60%
$A \to key$	40%
$B \to word$	50%
$B \to book$	50%

　　在这个 PCFG 的示例中，如果要生成终结符字符串 $password$，那么整个过程为 $S \to AB \to passB \to password$。根据中间使用的关系式 $S \to AB$、$A \to pass$ 和 $B \to word$ 可以计算从开始符 S 到最终得到 $password$ 的概率，即 70%×60%×50%＝21%。类似地，如果要生成终结符字符串 $bookkey$，整个过程为 $S \to BA \to bookA \to bookkey$，最后的概率为 30%×50%×40%＝6%。

　　基于 PCFG 的口令猜测方法主要分为两步：第一步是对训练数据的预处理（即根据训练数据建立概率模型），第二步是根据概率模型生成候选口令。由于后续的对候选口令用散列函数加密并和目标密文进行比较的步骤，与前面介绍的基于启发式规则的口令猜测方法是完全一样的,这里就不再赘述。

在对训练数据预处理的过程中,基于 PCFG 的口令猜测方法利用训练集(一般为网站泄露出来的真实明文口令)统计得到一系列的关系式 P。在描述这些关系式之前,首先要定义三类非终结符: L_n 、 D_n 、 S_n 。其中 L 表示字母, D 表示数字, S 表示特殊符号(即除了字母和数字以外的可用键盘输入的字符)。 L 、 D 和 S 构成了所有的可用键盘输入的字符,下标 n 则表示该类字符的数量(即由该类字符组成的连续字符串的长度)。在由训练集统计得到的关系式中,开始符 S 对应的输出就是由上述三类非终结符组成的非终结符字符串。这些非终结符字符串构成了口令的基本结构。而以 L_n 、 D_n 和 S_n 这些非终结符字符串为开头的关系式对应输出则是由具体的字母、数字和特殊符号构成的终结符字符串。举例来说,训练集中若包含明文口令"@password123",则会生成如式(2.7)、式(2.8)和式(2.9)所示的关系式:

$$S \rightarrow S_1 L_8 D_3 \tag{2.7}$$

$$S_1 \rightarrow @ \tag{2.8}$$

$$D_3 \rightarrow 123 \tag{2.9}$$

类似于式(2.7)、式(2.8)和式(2.9)等关系式的概率,则由它们可以表达的口令在训练集中的所占的具体比例决定。假设训练集中有 10% 的口令都是 $S_1 L_8 D_3$ 的格式,那么式(2.7)的概率就为 10%。值得注意的是,基于 PCFG 的口令猜测方法并不会生成 $L_8 \rightarrow password$ 这样的关系式,因为作者 Weir 等人认为对于字母字符串来说,可能的组合情况比较多,训练集难以比较全面地覆盖所有可能的情况。[19] 因此,在填充字母字符串的时候,他们选取了一个额外的常用英文单词字典(dictionary)作为补充。

考虑到要给 $L_8 \rightarrow password$ 这样的关系式赋概率值,在利用外部字典的时候，就有了两种赋值的方案。第一种方案认为外部字典中的单词出现的频率是一致的，这样在生成从终结符到具体单词的关系式时，每个关系式对应的概率也是一样的。第二种方案则根据字典中不同单词出现的频率来计算各自的概率值，由此对不同的关系式也会分配不同的概率。研究人员后来发现，当训练数据足够多时，从训练集中直接统计字母出现的频率相较于使用外部字典可以得到更好的破解效率。[20]

经过对训练数据的预处理之后，我们可以得到一系列附带概率的关系式，接下来基于 PCFG 的口令猜测方法就可以根据这些附带概率的关系式来生成用于猜测的候选口令。每条候选口令的生成过程和表 2.1 中示例介绍的一样。值得注意的是，候选口令的整体生成顺序遵循概率值由高到低的顺序。这是因为在概率方法中，候选口令的概率越高意味着它各个部分在训练集中出现的频度越高，也就意味着它越有可能被用户选作为真实的口令，因此口令猜测方法应该优先生成这样的候选口令来和目标口令进行比较。在实际的代码实现上，可以利用优先队列（priority queue）来实现按照概率降序生成候选口令。

在 Weir 等人提出基于 PCFG 的口令猜测方法后，许多研究人员针对这个方法又做了各种改进，改进思路主要分为两类：一是使用外部信息标签，如个人信息、语义信息等；二是使用特定的预定义标签，如键盘模式等。使用外部信息标签改进 PCFG 的代表性研究有 Veras 等人在 2014 年提出的语义 PCFG（Semantic PCFG）[21]和 Li 等人在 2016 年提出的个人 PCFG（Personal PCFG）[8]。而使用特定的预定义标签来改进 PCFG 的代表性研究有 Houshmand 等人在 2015 年提出的下一代 PCFG（Next Gen PCFG）[22]和 Weir 等人在 2019 年提出的最新版 PCFG_v4.1①。

———————————

① 参见 https://github.com/lakiw/pcfg_cracker。

2.2.1.1 语义 PCFG

语义 PCFG[21]基于口令中普遍存在的语义信息提出了一系列优化方法。这些方法可以分为三个阶段：第一阶段对口令进行分词；第二阶段对分词得到的单词进行语义分类和标签标注；第三阶段基于前面的分词和标注结果得到带概率的关系式，从而利用这些关系式生成候选口令。下面将按照顺序介绍这三个阶段的实现细节。

首先是第一阶段，对口令进行分词。此阶段在代码实现上只需要调用 Python 的 WordSegment 库就可以了，而 WordSegment 库的实现在 Toby Segaran、Jeff Hammerbacher 所著 *Beautiful Data：The Stories Behind Elegant Data Solutions* 一书的"Natural Language Corpus Data"这一章节中有详细介绍。考虑到文献[21]中花了不少篇幅介绍这个分词方法的原理，本书在此简单介绍一下其基本原理，具体细节可以参照"Natural Language Corpus Data"章节中的内容。

通常，分词算法都需要大量的语料作为分词依据。文献[21]中的口令分词算法依赖的主要语料库是 COCA 语料库（Corpus of Contemporary American English），而"Natural Language Corpus Data"依赖的是谷歌网站万亿词语料库（Google Web Trillion Word Corpus）。在这一点上，两者略有不同，但它们都是超大数量级的英文语料库，而且它们都涵盖了对一元语法（unigram）、二元语法（bigram）和三元语法（trigram）的统计。这里，一元语法统计的是一个单词出现的频率，二元语法统计的是两个单词连在一起出现的频率，三元语法统计的则是三个单词连在一起出现的频率。这些 n 元语法的统计结果在后续操作中可以帮助算法选择最佳的分词结果。

由于分词方法针对的是单词，也就是英文字母构成的字符串，因此第一步需要去除口令中非英文字母的字符。这里采用的做法和 Weir

等人基于 PCFG 的口令猜测方法一样，将字符分为字母（letter）、数字（digit）和其他可输入符号（symbol），然后将连续的同类字符看作一段，这样就可以得到由连续字母构成的字符串，接着再对这样的连续字母构成的字符串进行分词处理。分词方法的第二步是枚举所有可能的分词情况，并计算每种分词情况下在一元语法中存在的单词字符在整枚口令所有字符中所占的比例（把这个比例记为覆盖率），最后分词方法只保留覆盖率最高的分词情况。如表 2.2 所示，对于口令"Anyonebarks98"有四种分词情况，其中对于（C）和（D）两种分词情况而言，由于"ks"在一元语法中不存在，因此将它和后面的"98"合并为一段来表示。下面以分词情况（A）和分词情况（C）为例来介绍一下覆盖率的计算方式：对于分词情况（A）来说，"Anyone"和"barks"在一元语法中存在，因此覆盖率＝$11 \div 13 \approx 0.85$；而对于情况（C）来说，"Anyone"和"bar"在一元语法中存在，因此覆盖率＝$9 \div 13 \approx 0.69$。在计算完所有可能的分词情况的覆盖率后，分词方法最终只选择覆盖率最高的分词情况。如表 2.2 中的分词情况（A）和（B）就会进入最后一轮的比较。

表 2.2　口令"Anyonebarks98"的候选分词情况

口令	分词情况	覆盖率
Anyonebarks98	（A）Anyone　barks　98	0.84
	（B）Any　one　barks　98	0.84
	（C）Anyone　bar　ks98	0.69
	（D）Any　one　bar　ks98	0.69

在最后一轮的比较中，分词算法根据语料库多元语法的概率分布情况，使用递归法来找出概率最高的组合情况，并把这个最高概率作为这个分词结果所对应的最终得分。

由于高元的语法意味着单词可能的组合情况会很多，但根据语料库分词方法只能抽取到有限的组合情况，这就会带来数据稀疏性的问题，因此在做最后一轮的比较时最高只会使用三元语法。所谓递归法，就是以递归的方式来穷举分词得到的所有单词的可能组合。以 5 个单词的分词情况为例，它可以看作 5 个单独的单词，也就是 5 个一元语法，也可以看作一个二元语法加一个三元语法，将不同的 n 元语法各自对应的概率相乘就可以得到整个分词情况的概率，即将 5 个一元语法各自的概率相乘或者将一个二元语法的概率和一个三元语法的概率相乘。比较两种看待方式下得到的最终概率值的大小，并保留概率值更大的情况。以此类推，利用递归法来遍历所有组合情况，最后将计算得到的最大概率值作为这一个分词任务的最终得分。在对上一轮根据覆盖率筛选出的所有分词情况都计算出它们各自的最终得分后，将它们的最终得分进行比较，然后把最终得分最高的分词情况作为最终的分词结果。

其次是第二阶段，语义 PCFG 对分词得到的单词进行语义分类和标签标注，具体分为词性标注、语义分类和标签泛化这三个步骤。

第一个步骤实现词性标注，目的是区分同一个词在不同口令中所表达的意思，譬如同样的"love"，在口令"gangsterlove"中是名词，而在口令"iloveyou"中就是动词。这两者不应该被认为是一样的。关于词性标注，自然语言处理领域已经有很多比较成熟的方法，如 NLTK（natural language toolkit）中的 POS（part-of-speech）模块。词性标注会把单词分为六类：名词（nouns）、代词（pronouns）、形容词（adjectives）、动词（verbs）、冠词（articles）和其他（others）。对于第一阶段分词得到的各个单词构成的数组$(s_1, \ldots, s_n)$，词性标注将为每一个单词 s 打上对应的词性标签 t 并最终输出一个二维数组$[(s_1, t_1), \ldots, (s_n, t_n)]$，其中 t 表示的就是上面提到的六类词性标签。

词性标注实际上是对各个单词进行了一个初步的语义分类，但是由于标签的类别比较宽泛，如果按照这样的标签去生成候选口令，那么生成模型的搜索空间会很大（即候选口令所有可能的组合情况会非常多)，非常影响口令猜测的效率。

于是，第二个步骤为了实现更细粒度的语义分类，语义 PCFG 就用到了大型的英文词汇数据库——WordNet ①。在 WordNet 中，名词、动词、形容词和副词各自被组织成一个同义词的网络，每个同义词集合都代表一个基本的语义概念，一个多义词将会出现在它的每个含义的同义词集合中。语义 PCFG 使用 WordNet 来对词性被标注为动词和名词的单词做更细化的语义分类，而对其他几类词性标签的单词不作处理。这是因为在 WordNet 当中，形容词和副词不是通过上下位关系连接的，而是通过其他诸如反义词关系连接的，这点不方便后续的泛化处理，因此不予考虑。一个词可能会有不同的存在关联的同义词集合，即针对这个词的每个含义有一个同义词集合。针对这种情况，首先将这些同义词集合按照从高到低的使用频率降序排列，然后直接使用第一个同义词集合也就是使用频率最高的同义词集合作为这个词的语义标签。语义标签的表达格式为 **word. pos. #**，其中 **word** 表示的是这个单词本身，**pos** 是它的词性标签，**#**是它的含义序号，譬如 **love. n. 01** 就是指单词 **love** 的第一个名词含义。这一步骤中，更细粒度的语义分类把上一步骤词性标注输出的二维数组 $[(s_1, t_1), \ldots, (s_n, t_n)]$ 作为输入，然后输出一个三维数组 $[(s_1, t_1, c_1), \ldots, (s_n, t_n, c_n)]$，其中 c_n 表示语义标签。

第三个步骤要实现语义标签泛化处理。前面提到，名词和动词实际上会存在很多上下位关系，也就是大概念包含小概念的情况，譬如说

---

① WordNet[23]是一个大型的、人工构建的英文词汇数据库，其结构为语义概念组成的网络。在这个网络中，名词、动词、形容词和副词被归类为同义词的集合，而每个语义概念则表示一个同义词集合，即一组同义词。概念通过上下位关系(IS-A)连接。例如，该网络一般使用层次结构，顶部的节点表示一般性的概念，底部的节点则表示更具体的概念。WordNet 可用于将具有相同含义的单词分组到同一个语义概念中。例如 car、auto、automobile 和 motorcar 都是指 car 这个概念，而 car 则是指 vehicle 这个概念。详细内容可参见 Roberto Poli, Michael Healy, Achilles Kameas, *Theory and Applications of Ontology：Computer Applications*, Springer, Dordrecht 2010。

猫、狗都属于动物这个集合。以语义标签 **dove.n.01** 为例,它存在 6 个第一上位词(first hypernym):

(1) **pigeon.n.01**;

(2) **columbiform_bird.n.01**;

(3) **gallinaceous_bird.n.01**;

(4) **bird.n.01**;

(5) **chordate.n.01**;

(6) **animal.n.01**。

现在面临的问题是使用 **dove.n.01** 作为语义标签是否会因为粒度过细而造成模型过拟合? 以及如果会造成这个问题,应该选用哪个更高级别(即粒度更粗、泛化程度更高)的标签来代替它更加合适? 这里的做法是应用现有的树剪枝模型(tree cut model)来为整个语义标签集合选择一个能够表示最佳泛化级别的剪枝方案。这里不对该算法进行详细解释,其基本原理和最小描述长度原则(minimum description length principle)类似,即首先根据上下位关系构建层级树,并标注各层级标签的使用频率,然后对于使用频率低的语义标签,使用更泛化的语义概念,而对于使用频率高的标签,使用更细粒度的语义概念,最终利用树剪枝模型实现的就是一个根据语义标签的使用频率高低的不均匀的泛化表示。

最后是第三阶段,在完成了语义分类和标签标注工作之后,基于前面的分词和标注结果得到语法规则的关系式,利用关系式生成候选口令。由于语义 PCFG 考虑了口令的语法特征和语义特征,并且这两类特征和语法规则的关系式是相关的,这意味着它们能够影响具体的实例化生成过程,因此语义 PCFG 在构建非终结符集合时兼顾了这两类特征——语法和语义标签——来构造非终结符。

如表 2.3 所示,语义标签(**hate.v.01**)和词性标签(**VVD**)连接在一起得到非终结符 **hate.v.01.VVD**。它后续只能推导出时态为过去时态且语义标签分类是"hate"的动词的第一种含义的单词,譬如"hated"。

与表 2.1 类似，表 2.3 展示了从训练集 {*iloveyou*，*ihatethem3*，*football3*} 中统计得到的语法规则的关系式，而后续利用这些关系式生成候选口令的方法就和 Weir 等人在 2009 年提出的基于 PCFG 的口令猜测方法完全一样。譬如，想要生成"youlovethem2"的候选口令，它的关系式推导过程如下：

$$N_1 \rightarrow [PP][love.v.01.VV0][PP][number]$$

$$\rightarrow you[love.v.01.VV0][PP][number]$$

$$\rightarrow youlove[PP][number]$$

$$\rightarrow youlovethem[number]$$

$$\rightarrow youlovethem2$$

最后的概率计算过程为：$P(youlovethem2) = P(A) \times P(E) \times P(G) \times P(F) \times P(J) = 0.33 \times 0.25 \times 1.00 \times 0.25 \times 0.50 = 0.0103125$。其中 A、E、G、F、J 表示的是表 2.3 中语法规则关系式的序号。

表 2.3　从训练集 {*iloveyou*，*ihatethem3*，*football3*} 学习到的语法规则

	语 法 规 则	概率
A	$N_1 \rightarrow [PP][love.v.01.VV0][PP][number]$	0.33
B	$N_1 \rightarrow [PP][hate.v.01.VVD][PP][number]$	0.33
C	$N_1 \rightarrow [sport.n.01][number]$	0.33
D	$[PP] \rightarrow i$	0.50
E	$[PP] \rightarrow you$	0.25
F	$[PP] \rightarrow them$	0.25
G	$[love.v.01.VV0] \rightarrow love$	1.00
H	$[hate.v.01.VVD] \rightarrow hated$	1.00
I	$[sport.n.01] \rightarrow football$	1.00
J	$[number] \rightarrow 2$	0.50
K	$[number] \rightarrow 3$	0.50

2.2.1.2　个人 PCFG 和定向猜测

个人 PCFG[8] 是利用泄露的个人信息来帮助破解口令的猜测方法。Li 等人提出它的契机是发生在 2014 年的一次数据泄露。2014 年底，中国铁路 12306 网站发生了数据泄露事件。作为中国网上火车票预订系统的官方网站，12306 网络拥有数亿的实名用户。2014 年泄露的 12306 数据集中包含了超过 13 万条用户口令，在已知的泄露数据集中，这个数量只能说是中等规模，但是这个数据集的特别之处在于它还包含了诸如用户真实姓名、身份证号码等个人信息。由于这样一个官方火车票预订网站要求用户提供真实的个人信息，因此研究人员认为泄露出来的 12306 数据集中的个人信息是真实可靠的。

相较于语义 PCFG，个人 PCFG 对口令的分析处理步骤比较简单，在生成阶段与语义 PCFG 的做法也类似，即用新的标签学习新的语法规则，然后参照 Weir 等人的 PCFG 方法进行生成。下面基于 12306 数据集介绍一下个人 PCFG 对口令分析处理的方法。

12306 数据集共包含如表 2.4 所示的六类个人信息：用户的中文姓名、用户注册账户使用的邮箱地址、用户注册账户使用的手机号、用户登录系统所使用的账号名、身份证号码和用户的出生日期。其中前五类个人信息是可以从泄露出来的 12306 数据集中直接获取到的，而考虑到中国公民的身份证号码第 1~6 位代表用户地址，第 7~14 位代表用户的出生日期以及第 17 位代表用户的性别，因此可以根据身份证号码额外获取用户户籍地址（不一定与现实情况相符）、出生日期和性别这三类个人信息。个人 PCFG 在口令破解中使用的个人信息除了数据集中直接包含的五类外还考虑了出生日期这一类，并利用用户性别这一类个人信息分析了男性和女性在使用个人信息创建口令的习惯上的一些区别。对于用户户籍地址这类个人信息，文献[8]并没有加以分析或者利用。

表 2.4　个人信息标签

个人信息标签名称	个人信息标签介绍
Name[NAME]	用户的中文姓名
Email[EMAIL]	用户注册账户使用的邮箱地址
Cell Phone[CELL]	用户注册账户使用的手机号
Account Name[ACCT]	用户登录系统所使用的账号名
ID Number[ID]	政府签发的身份识别号码 （在中国指身份证号码）
Birthdate[BD]	用户的出生日期

在对口令进行预处理来建立概率模型时，个人 PCFG 将对一枚口令优先匹配它包含的子串是否符合这六类个人信息。对于口令中能够匹配的部分，个人 PCFG 使用表 2.4 中加上方括号的标签，即 [NAME]、[EMAIL]、[CELL]、[ACCT]、[ID] 和 [BD] 这样相应的标签来表示不同类别的个人信息，而对于口令中不能匹配的部分，个人 PCFG 使用 Weir 等人所提出的 PCFG 中使用的 L、D 和 S 来分别表示字母、数字和特殊符号。以口令"zhangsan1987abc"为例，如果是用 Weir 等人提出的 PCFG 来进行预处理，它将被表示为 $L_8 D_4 L_3$。但如果是用个人 PCFG 来进行预处理，它将被表示为 [NAME][BD]L_3，因为"zhangsan"可以被识别为是用户的中文姓名张三，而"1987"可以被识别为用户出生日期信息中的年份 1987 年。

为了能使每枚口令尽可能最优地匹配个人信息，个人 PCFG 设计了一个算法来匹配口令包含的个人信息。这个算法的具体思想就是首先对一枚口令生成它的所有子串，然后把它们按照长度降序进行排列并根据排列后的顺序用这些子串依次去匹配所有类别的个人信息，如果匹配到了就打上标签，然后对剩下的部分继续按照同样的做法进行匹配。简单来说就是一个长度优先的匹配，同样以"zhangsan1987abc"为例，算法先是用整枚口令去匹配表 2.4 中的六类个人信息，发现匹配

不到,然后就是匹配长度减一的口令子串"zhangsan1987ab"和
"hangsan1987abc",如果还是在六类个人信息中匹配不到,于是长度继
续减少,以此类推。直到"zhangsan"匹配到了用户姓名这一类个人信
息,被标记为[NAME]。这时候把"zhangsan"从口令中剔除,然后对剩
下的"1987abc"继续按照上面由长到短的方式去匹配六类个人信息。
如此反复直到最后剩余的子串哪怕长度减少到 1 也匹配不到个人信息
类别为止,这时就要再用 L、D 和 S 来对这最后剩余的子串打上标签。

　　利用上面设计的个人信息匹配算法,除了可以预处理训练集中的
口令,还可以统计不同类别的个人信息在 12306 数据集中的使用情况。
如表 2.5 所示,可以看到个人信息在用户口令创建中的使用是很频繁
的。正如前面的算法介绍,一枚口令中的某个子串可能匹配到六类个
人信息中的某一类,表 2.5 展示了所有的能匹配到某一类个人信息的
口令数量和相应的在整个数据集中所占的百分比。可以看到,包含个
人信息的口令所占的百分比加起来的总和超过了 70%,这说明在口令
中使用个人信息的现象非常常见,也从侧面说明了个人 PCFG 对用户
口令构成严重安全威胁。通过比较这六类个人信息,可以发现用户的
出生日期[BD]、用户的账号名[ACCT]和用户的姓名[NAME]被最频
繁地使用,每一类的占比都超过了 20%。但只有很少的用户(少于
3%)会在他们的口令中使用手机号或者身份证号。

表 2.5　12306 数据集中个人信息使用情况占比

排名	个人信息类别	口令数量	百分比
1	Birthdate[BD]	31 674	24.10%
2	Account Name[ACCT]	31 017	23.60%
3	Name[NAME]	29 377	22.35%
4	Email[EMAIL]	16 642	12.66%
5	ID Number[ID]	3 937	3.00%
6	Cell Phone [CELL]	3 582	2.73%

　　如前所述，中国的公民身份证号码第 17 位可以表示用户的性别，因此研究人员可以利用这个个人信息比较男性用户和女性用户在使用个人信息创建口令上的差异。如表 2.6 所示，首先从男性用户和女性用户整体的百分比可以看出，男性用户中使用了个人信息的口令占比相较女性用户口令中的占比多 10% 左右。这说明男性用户更倾向于在创建口令时使用个人信息。进一步观察具体类别的个人信息，可以看到一个有趣的现象：男性用户使用真实姓名来创建口令的频率要明显高于女性（高 10% 左右），而在其他五类个人信息的使用频率上则比较接近。这意味着男性和女性用户在使用个人信息创建口令的频率上的差异主要来源于对用户真实姓名的使用。

表 2.6　不同性别的个人信息使用情况占比

排名	男性		女性	
	个人信息类别	百分比	个人信息类别	百分比
1	[BD]	24.56%	[ACCT]	22.59%
2	[ACCT]	23.70%	[BD]	20.56%
3	[NAME]	23.31%	[EMAIL]	13.62%
4	[EMAIL]	12.10%	[NAME]	12.94%
5	[ID]	2.70%	[CELL]	2.98%
6	[CELL]	2.51%	[ID]	2.74%

　　随后，Wang 等人[3]进一步地提出了**定向在线猜测攻击**。定向在线猜测攻击是指攻击者通过利用受害者的个人信息，譬如从受害者本人另一个账号泄露的相关口令和一些个人识别信息（personal identifiable information，简称"PII"），来猜测一个在线服务的特定受害者的口令。

　　就定向在线猜测攻击而言，一个关键的挑战是如何选取最有效的候选口令，因为服务器的锁定限制机制所允许的猜测尝试次数通常非常少。Wang 等人通过对 12306 数据集的分析,在个人 PCFG 的基础上对个人信息的匹配做了更细粒度的定义,如用户出生日期就有 $B_1 \sim B_{10}$ 这十种情况,其中 B_1 表示"年月日"的全日期格式(如"19820607"),B_2 表示"月日年"的全日期格式,B_3 表示"日月年"的全日期格式,B_4 表示出生日期中的日期部分,B_5 则表示出生日期中的年份部分,B_6 表示"年＋月"的组合(如"198206"),B_7 表示"月＋年"的组合,B_8 表示"年的后两位＋月日"的组合(如"820607"),B_9 表示"月日＋年的后两位"的组合(如"060782"),B_{10} 表示"日月＋年的后两位"的组合(如"070682")。而关于其他几种个人信息,他们也给出了更详细的分类和定义,这样的处理使得模型在前期生成口令时可以更加准确,从而实现了高效的定向猜测攻击。

2.2.1.3　下一代 PCFG

下一代 PCFG[22] 基于 Weir 等人在 2009 年提出的 PCFG,引入了**键盘模式**和**字母字符串模式**进行优化。

- **键盘模式**指的是键盘上的规律性输入,这种规律可能是以行或者列的形式排列,也可能是以特定的图案形式排列。用户利用键盘模式构成的口令以方便记忆和输入。有时键盘模式会产生安全强度比较高的口令,这是因为用户依据键盘模式可能会创建出看似随机的字符串来作为口令。

- **字母字符串模式**通常是指由连续字母所构成的单词。它往往是用户口令的基本组成单元,也是字典攻击这类口令猜测方法所要利用的对象。研究人员扩展字母字符串模式,提出使用多单词(multi-words)或口令短语(passphrase)来创建更加安全健壮且容易记忆的用户口令。具体是指用多个简单单词来构成用户口令,以抵御各类攻击。相应地,字母字符串模式旨在分析出构成口令的组合词中的各个单词单元。

对于键盘模式，首先需要在用户口令中找到键盘模式以及解决在识别键盘模式过程中的误报问题。为此，需要对键盘模式有明晰的定义。文献[22]将键盘模式定义为从某个特定键开始的、在键盘上物理空间连续的键或者由同一个键重复多次而构成的字符序列。需要注意的是，对于这些键在输入时是否与 Shift 键一起使用不做限制，即"1"和"!"在考虑键盘模式时可以看作是键盘上的同一个键。

下一代 PCFG 提出了一个算法，在用户口令中匹配最长的满足定义要求的键盘模式字符串。在长度方面，该算法要求符合键盘模式的字符串的长度至少为 3。关于在键盘上位置连续的这一要求，该算法共考虑了以下七种情况：一是位于当前键位置的左上方（用符号 u 表示）；二是位于当前键位置的右上方（用符号 v 表示）；三是与当前键位置相同（用符号 c 表示）；四是位于当前键位置的正左方（用符号 l 表示）；五是位于当前键位置的正右方（用符号 r 表示）；六是位于当前键位置的左下方（用符号 d 表示）；七是位于当前键位置的右下方（用符号 e 表示）。只有口令字符串中的连续前后两个字符所对应的键盘上的键满足上面这七种位置关系时，这两个字符才算符合键盘模式的连续性要求。例如，口令"qw34!qq"中包含着一个长度为 4 的键盘模式。该口令的连续字母字符串"qw34"以 q 开头，而从 q 到 w 键盘位置的变化是 r，从 w 到 3 键盘位置的变化是 v，从 3 到 4 键盘位置的变化是 r。因此该键盘模式可以用"rvr"来表示。

接下来，下一代 PCFG 将键盘模式作为一个新的非终结符号 K 引入到于 2009 年提出的原始 PCFG 的语法中。相应地，口令"qw34!99"所对应的基本结构就从原始的基础结构 $L_2D_2S_1D_2$ 变成了 $K_4S_1D_2$。但是，键盘模式也带来了语法歧义的问题。在原始 PCFG 中，由于 L、D、S 是互斥的字符集，所以语法是没有歧义的。而单个 K 结构可以包含所有字符集的元素，这就导致一个终端字符串可能会有两个或多个不同的推导树,也就是从语法来说是带有歧义的。

以式(2.10)~式(2.13)展示的语法为例:

$$S{\rightarrow}L_5D_3\,|\,L_5K_3 \tag{2.10}$$

$$L_5{\rightarrow}\text{alice} \tag{2.11}$$

$$D_3{\rightarrow}131\,|\,123 \tag{2.12}$$

$$K_3{\rightarrow}123\,|\,\text{asd} \tag{2.13}$$

这个语法显然存在歧义,因为"alice123"存在两个不同的推导情况,分别可以从 L_5D_3 和 L_5K_3 推导得到的。这意味着"alice123"这枚口令会以两个不同的推导情况以各自的概率被猜测两次。这实际上是对猜测资源的一种浪费,降低了猜测效率。另外,存在多种推导情况的口令的概率计算方式是不正确的,因为它(概率)应该是所有可能推导情况的概率总和。由于语法的确定性很重要,所以下一代 PCFG 通过让某些基本结构不推导特定的终端字符串来实现这一点,譬如限制关系式只能从 D_3 推导得到"123"而不能从 K_3 推导得到它。这种做法基本上能够防止生成重复的候选口令。但还是会存在一些个别情况。譬如,基础结构 L_4D_2 和 K_6 都可能产生口令猜测"were45"。根据训练,它被分类为 K_6,但实际上在从 L_4D_2 生成候选口令时也可以得到这枚口令及相应概率。由于这类情况在实际的猜测场景中很少发生,因此为了保证猜测系统生成口令的速度,下一代 PCFG 选择了在破解口令时忽略针对这些极少数的重复情况,没有设计避免生成重复候选口令的方案。

事实上,任何键盘结构也对应着一个原始的基础结构(即根据 Weir 等人在 2009 年提出的 PCFG 语法的、不使用 K 的结构)。如表 2.7 所示,为了保持语法的确定性,如果具有原始基础结构的口令也具有键盘结构,则优先将该基础结构计算为相应的键盘结构,而不是使用原始的基础结构。在表 2.7 的第 1 行和第 2 行中，对于口令"asdf"和"q1q1"，语法规则 $S \rightarrow K_4$ 的计数将增加 2，而规则 $S \rightarrow L_4$ 和 $S \rightarrow L_1 D_1 L_1 D_1$ 的计数不会增加。这些计数最终会转化为这些语法规则关系式的转移概率。此外，如果遇到像"john"这样的口令，那么原始的基本结构 L_4 将增加 1，且没有相应的键盘结构会增加计数。在这样的处理下，语法规则（如 $S \rightarrow L_4$）不能推导出键盘模式的字符串，因为训练阶段的处理决定了 L_4 的可替换内容中不包括键盘模式，这就很好地保证了语法的确定性。

表 2.7　训练阶段的键盘结构及其对应的原始基础结构

口令	原始基础结构	键盘结构
asdf	L_4	K_4
q1q1	$L_1 D_1 L_1 D_1$	K_4
ASD1024QW	$L_3 D_4 L_2$	$K_3 D_4 L_2$
$ % ∧ &.	S_4	S_4
qaz12zaq	$L_3 D_2 L_3$	$K_3 D_2 K_3$
q1!2	$L_1 D_1 S_1 D_1$	K_4

在训练过程中，除了对基本结构进行计数，也需要对用户口令的组件内容进行计数，譬如 $(D_1, \ldots, D_j)$，其中 j 表示这个数字结构的长度。类似的组件内容还有特殊符号的口令组件等。譬如，在训练过程中遇到口令"ASD1024QW"，将使 D_4 的可替换字符串列表中的"1024"的计数增加 1。如果之前的训练中没有遇到过这个子串，则将它添加到 D_4 的列表中，并计数为 1。由于引入了对键盘模式的检测，训练阶段还增加了 $(K_3, \ldots, K_p)$ 中键盘组件的计数，同样 p 表示这个键盘结构的长度。注意，键盘组件的检测从 K_3 开始，这是因为不考虑任何长度短于 3 的键盘模式。

为了表达上的简化，下一代 PCFG 将纯数字或者纯特殊符号构成的键盘模式表示为数字组件或特殊符号组件,而不是键盘组件。这是因为这样的子串既能被表示为键盘组件,也能被表示为数字或特殊符号的组件,导致语法确定性下降,需要加以限制区分。而通过对几个数据集的研究,研究人员发现,在大约 70% 的情况中,纯数字构成的字符串会被认为是数字组件而非键盘组件,对于特殊符号组件也有类似的结论。[22] 于是,为了保证语法的确定性和更好的效果去猜测相关的口令,下一代 PCFG 选择将它们表示为数字或特殊符号的组件。基于这一点,在表 2.7 中可以看到,口令"$%∧&"被表示为 S_4 而不是 K_4。

总的来说,需要通过以下规则来确定口令中的特定子字符串是否应被归类为键盘模式(K 结构),而不是原始结构(L、D、S):

- 如果子结构是纯数字或纯特殊符号,则将其归类为 D 或 S 组件;
- 当任何至少有 3 个字符的子串不遵从第一条规则,如果它是键盘模式且尽可能保证长度最大,则可以将其归类为 K 组件。

譬如,口令"qwerty7800"会被归类为 $K_8 D_2$,而不是 $L_6 D_4$ 或 $K_6 D_4$。但是,这样的规则会将口令组件"tree"分类为 K_4 而不是 L_4。实际上,把这些组件看作英语单词可能更好。这个选择可能看起来无关紧要,但在破解时不合适的分类标签会影响生成的候选口令的有效程度。因此,为了消除这些(伪)键盘模式,下一代 PCFG 引入了训练字典。

在确定基本结构的训练阶段,它将对口令进行分析,对于既可能形成键盘模式,也可能是训练字典中单词的情况,下一代 PCFG 优先选择 L 结构而不是 K 结构来作为这样的口令子串所对应的组件。在训练过程中,它学习了以下不同类别的字母结构。

- A 单词:字典中的单个单词,如"password"。
- R 单词:字典中的一个词,重复一次,如"boatboat"。
- R 模式:一个非字典词,重复一次,如"xyzxyz"。
- M 单词:2 个或更多连续的 A 单词,但不包括 R 单词,如"iloveyou"。

- A 模式：字母字符串不属于任何以前的类别，如"ashkdi"。

研究人员针对多个数据集做了分析实验，发现将一个词重复一次以上的情况要明显少于仅重复一次的情况（即 R 单词和 R 模式），所以他们没有把重复超过一次的情况作为单独的分类。[22]虽然在上面的介绍中描述了字母字符串的五种字母结构，但在实际操作中下一代 PCFG 将它们简化为三个主要类别：A、R、M。具体的做法是将 A 单词类别和 A 模式类别结合起来，描述为 A 单词。因为这两个类别都是把连续的字母字符串看作连续的一段，所以它们都需要利用攻击字典来生成口令。因此，在从字典中为这两个类别选择单词之前，将它们简单地结合起来是有意义的。类似地，R 单词和 R 模式也这样被结合起来，描述为 R 单词。而对于 M 单词，下一代 PCFG 从训练集中学习它们，并将它们的概率加入到语法中。

接下来介绍识别字母字符串类别的方法。要检测训练集中的 A 单词类别，只需检查 L 结构是否是训练字典中的单词即可。为了检测它是否是 R 单词，首先检查重复情况，即找出字母字符串中重复的内容，然后检查字典中是否有对应的重复内容。如果 L 结构不是 A 单词或 R 单词类别，那么试着把它识别为 M 单词。如果它不是一个 M 单词，那么它将被归类为 A 模式。

M 单词识别的算法稍微复杂一些，因为通常有很多方法可以将一个多词构成的字符串分解成多个组成词。下一代 PCFG 从口令字符串最右边的字符开始，然后找到最长的能够匹配在训练字典中的单词的子串，并将其识别为可能的第一个成分，然后递归地对剩余子字符串重复上述步骤。如果中间某一步没能实现单词的匹配，算法将退回上一步尝试更短的子字符串来和字典进行匹配。

接下来介绍如何利用这些训练得到的语法进行口令的生成以及概率的计算。以{*boatboat123*，*princess123*，*passpass456*，*iloveyou456*，*boatboat!!*，*password99*}这样一个小训练集为例，来简单演示推导语法。为了表达方便,下面用 R 代表 R 单词,A 代表 A 单词,M 代表 M 单词。一共有两种可能的方式来推导语法。

第一种方法如表 2.8 所示,直接从起始符号 S 推导基础结构,并用新的类别符号表示所发现的模式。这种方法将推导出 $S \rightarrow R_8 D_3 \rightarrow$ boatboat$D_3 \rightarrow$ boatboat123,概率为 $1/3 \times 1/2 \times 1/2 = 1/12$。注意,在这种情况下,基本结构 $R_8 D_3$ 的概率可能涉及对 D_3 部分的依赖性。

表 2.8　第一种推导方法示例

语法规则左侧	语法规则右侧	各自的概率
S	$R_8 D_3 \mid R_8 D_2 \mid R_8 S_2$	1/3|1/6|1/6
S	$A_8 D_3 \mid M_8 D_3$	1/6|1/6
D_3	123|456	1/2|1/2
D_2	99	1
S_2	!!	1
R_8	boatboat|passpass	1/2|1/2
A_8	princess	1
M_8	iloveyou	1

第二种方法,在逻辑上有所不同,它像以前一样从起始符号 S 推导到基础结构(L、D、S、K),然后从 L 结构中导出子类别,如表 2.9 所示。这种方法的推导过程是 $S \rightarrow L_8 D_3 \rightarrow R_8 D_3 \rightarrow$ boatboat$D_3 \rightarrow$ boatboat123,但概率为 $4/6 \times 4/6 \times 1/2 \times 1/2 = 1/9$。在这里,在其可能的子模式之前有一个 L 结构的推导是独立于上下文完成的。

表 2.9　第二种推导方法示例

语法规则左侧	语法规则右侧	各自的概率
S	$L_8 D_3 \mid L_8 D_2 \mid L_8 S_2$	4/6|1/6|1/6
L_8	$R_8 \mid A_8 \mid M_8$	4/6|1/6|1/6

续 表

语法规则左侧	语法规则右侧	各自的概率
D_3	123|456	1/2|1/2
D_2	99	1
S_2	!!	1
R_8	boatboat|passpass	1/2|1/2
A_8	princess	1
M_8	iloveyou	1

下一代 PCFG 使用的是第二种方法，在这种方法中，可以对 L 结构的字母字符串的子模式进行上下文无关的推导。这是为了尽可能考虑更大的口令集来确定概率。通过检查所有的 L 结构的口令，可以获得一个相当大的口令集来推导子类别。但如果像第一个方法那样考虑基础结构，那么每个基础结构所对应的训练口令集就会面临太小的问题。

2.2.1.4 PCFG_v4.1

PCFG_v4.1 是 PCFG 的最新版本。与 Weir 等人于 2009 年提出的 PCFG 相比，PCFG_v4.1 实现了四个优化：**多词模式检测、键盘模式检测、年份模式检测和上下文相关模式检测。**

- **多词模式检测**通过构造字典树来计算一系列连续字母的频率，并根据预设的频率阈值选择这些字母的组成。譬如，如果长单词词组"helloworld"出现的次数少于频率阈值，而短单词"hello"和"world"的出现频率都高于频率阈值，则 PCFG_v4.1 将把"helloworld"视为 $L_5 L_5$，而不是 L_{10}。

- **键盘模式检测**用于确定两个及以上类别的字符构成的且长度至少为 4 的字符串是否是键盘上的连续输入。譬如"123456"和

"q12"不会被检测为键盘模式,但"q123456"将被检测为键盘模式,这是因为"123456"仅仅由数字这一类字符构成,"q12"长度仅仅为 3,它们都不符合 PCFG_v4.1 对键盘模式的定义。

- **年份模式检测**是针对只有 4 个连续数字的情况。譬如,在口令"word1997"中,"1997"将被检测为年份模式,但对于口令"121997"中的连续数字,它们则不会被检测为年份模式,因为它们中连续数字的长度是 6 而不是 4。

- **上下文相关模式检测**将一些流行的字符组合,识别为一个段。目前这些组合只考虑了"＜3"";p"":p""＊0＊"和"♯1"这五种情况。

基于上述优化,PCFG_v4.1 显示出比 Weir 等人提出的原始 PCFG 高得多的猜测效率。

2.2.2　基于马尔可夫模型的方法

2005 年,Narayanan 等人[24]首次使用马尔可夫模型来描述口令的字符序列分布。使用马尔可夫模型可以有助于大幅约减口令猜测的空间,最终提高口令猜测攻击的效率。**基于马尔可夫模型的口令猜测方法**与基于 PCFG 的口令猜测方法类似,大致分为预处理和生成口令两个阶段。

在预处理阶段,基于马尔可夫模型的口令猜测方法需要使用训练集来获得每个字符出现的条件概率。对于一阶马尔可夫模型来说,预处理过程就是通过训练集获取 $P(x_i|x_{i-1})$ 的概率,也即训练集中从字符 x_{i-1} 转移到邻接字符 x_i 的概率:

$$P(x_i \mid x_{i-1}) = \frac{count(x_{i-1}x_i)}{count(x_{i-1} \bullet)} \tag{2.14}$$

其中,$count(x_{i-1} \bullet)$ 表示 x_{i-1} 后接任意字符的情况的数量。

在生成阶段，假设要生成候选口令 $c_1c_2c_3\ldots c_i$，在一阶马尔可夫模型中，其概率计算公式为 $P(c_1c_2c_3\ldots c_i)=P(c_1\,|c_0)\times P(c_2\,|c_1)\times P(c_3\,|c_2)\times\cdots\times P(c_i\,|c_{i-1})\times P(c_e\,|c_i)$ 其中 c_0 为用户口令的开始字符，c_e 为用户口令的结束字符，$P(c_i\,|c_{i-1})$ 的概率可以从训练集中统计计算得到。候选口令将会按照概率从高到低的顺序生成，但对于马尔可夫模型来说，不能使用与 PCFG 一样的方法（优先队列）。这是因为马尔可夫模型在生成过程中产生的中间规则比较多，使用优先队列时对内存的占用会不断增长，最终对内存的巨大消耗使得使用优先队列的实现方式在利用马尔可夫模型生成较多的候选口令时变得不可行。Ma 等人[20]提出了一种优化算法来解决上述问题。他们的算法通过不断地选择临界值来生成概率大于该临界值且小于上一次临界值的口令，并舍弃概率过小的口令。

2015 年，Dürmuth 等人[25]在此基础上提出了一种显著提高了口令猜测的生成速度的有序马尔可夫枚举器（ordered Markov enumerator，简称"OMEN"）。OMEN 的实现方法主要涉及一个改进的枚举算法（enumPwd）和 OMEN 算法本身。

考虑到使用优先队列按照概率降序生成口令对内存需求很大，OMEN 设计了一个按照近似递减的概率来枚举口令的算法——enumPwd。整体来说，这个算法将所有的概率离散成不同的级别，然后按照概率递减的顺序迭代所有级别。对于每个级别，算法将查找所有概率位于这个级别的口令并将它们输出出来。具体做法就是首先把所有的 n 元语法的概率（即根据前 $n-1$ 个字符推导出下一个字符的概率）计算出来，然后根据下列公式

$$level_i = round\left[log(c_1 \cdot prob_i + c_2)\right] \qquad (2.15)$$

计算近似的离散级别。这里 c_1 和 c_2 是需要用户确定的参数，且计算出的级别不大于 0。参数的选择需要满足出现频率最高的 n 元语法被

计算为级别 0 并且训练集中没出现过的 n 元语法被赋予一个很小的级别的条件。通过调整这两个参数最终可以得到用户想要的离散级别的数量（number of levels，简称"nbLevel"）。换句话说，所有的离散级别为 $[0，-1，\dots，-(nbLevel-1)]$。这里的级别数量会影响算法的准确性和运行时间：级别数量越多，意味着离散的精度越高，算法的准确性也会越高，但运行时间也越长。

下面介绍枚举算法的枚举过程：它需要两个参数，一个是目标口令的离散级别 η，还有一个是目标口令的长度 ℓ。对于目标口令而言，由于它的长度为 ℓ，因此它的离散级别等于 $\ell-1$ 个推导概率的离散级别的和。这是因为如果需要计算的是目标口令的概率，那么根据前面对马尔可夫模型的介绍，目标口令的概率是利用 $\ell-1$ 个推导概率相乘，而级别的计算是对概率取对数，取完对数后，概率相乘就变成了级别相加，所以目标口令的离散级别等于 $\ell-1$ 个推导概率的离散级别的和。

算法 1　枚举离散级别为 η 和长度为 ℓ 的口令

（以 2 阶马尔可夫模型为例）

1　**function** enumPwd(η, ℓ)

2　for each vector $(a_i)_{2\leqslant i\leqslant\ell}$ with $\sum_i a_i=\eta$

3　and for each $x_1 x_2\in\Sigma^2$ with $L(x_1 x_2)=a_2$

4　and for each $x_3\in\Sigma$ with $L(x_3\mid x_1 x_2)=a_3$

5　……

6　and for each $x_\ell\in\Sigma$ with $L(x_\ell\mid x_{\ell-2}x_{\ell-1})=a_\ell$

7　output $x_1 x_2\cdots x_\ell$

如算法 1 所示，向量 a_i 表示各个位置推导概率计算得出的离散级别。对于长度为 ℓ 的口令来说，一共有 $\ell-1$ 个位置（即 a_i 的 i 取值范围从 2 到 ℓ）。对于离散级别 a_2，算法选取所有概率满足离散级别 a_2

的 2 元语法 $x_1 x_2$，这是因为 a_2 表示的是初始概率，所以 $x_1 x_2$ 可以看作前面还有一个空位符。然后对于接下来的 a_3 到 a_ℓ，算法选取所有概率满足对应离散级别的 3 元语法，譬如 3 元语法 $x_1 x_2 x_3$ 的离散级别就是 a_3。直到最后，所有语法组合出来的长度满足了目标口令的长度要求，然后算法就会输出一系列长度为 ℓ 并且级别为 η 的候选口令。

除了算法 1 的形式化表达，下面给出了一个简单的例子来更直观地说明这个算法。为了简单起见，例子考虑的是长度为 3 的口令（即 $\ell = 3$），考虑的字母表是一个小写字母表 $\Sigma = \{a, b\}$。基于上述字母表，可以假设初始概率的离散级别如下：

$$L(aa) = 0 \qquad L(ab) = -1 \qquad (2.16)$$

$$L(ba) = -1 \qquad L(bb) = 0 \qquad (2.17)$$

并且假设转移概率的离散级别如下：

$$L(a \mid aa) = -1 \quad L(b \mid aa) = -1 \qquad (2.18)$$

$$L(a \mid ab) = 0 \qquad L(b \mid ab) = -2 \qquad (2.19)$$

$$L(a \mid ba) = -1 \quad L(b \mid ba) = -1 \qquad (2.20)$$

$$L(a \mid bb) = 0 \qquad L(b \mid bb) = -2 \qquad (2.21)$$

因为目标口令的长度为 3，所以需要考虑 2 个概率，即一个初始概率和一个转移概率。

首先考虑生成离散级别为 0 的候选口令，当且仅当初始概率和转移概率的值均为 0 时满足要求，因为只有这种情况下它们的离散级别的和才是 0。符合要求的候选口令只有"bba"。初始概率中的 $L(aa)$ 也符合级别为 0 的要求，但是在转移概率中没有相应的符合级别 0 的情况。

其次考虑生成离散级别为－1 的候选口令，－1 可以看作－1 加 0 （初始概率级别为－1，转移概率级别为 0）或者 0 加－1（初始概率级别为 0，转移概率级别为－1）。最终－1 加 0 的情况中符合要求的候选口令有"aba"，而 0 加－1 的情况中符合要求的候选口令有"aaa"和"aab"。

接着考虑生成离散级别为－2 的候选口令，它有三种可能的情况：－2 加 0（初始概率级别为－2，转移概率级别为 0），－1 加－1（初始概率级别为－1，转移概率级别为－1），0 加－2（初始概率级别为 0，转移概率级别为－2）。最终－2 加 0 的情况中没有符合要求的候选口令，因为初始化概率中没有离散级别为－2 的情况，－1 加－1 的情况中符合要求的候选口令有"baa"和"bab"，而 0 加－2 的情况中符合要求的候选口令有"bba"。

最后对依次减小的其他级别重复上述步骤，这样一来，同一级别内的候选口令被近似地看作概率相同，而不同级别的候选口令也是按照级别降序的顺序被生成出来的，于是就在提高生成速度的同时近似地保证了生成的候选口令的概率降序。

正如前面所说的，枚举算法 enumPwd(η, ℓ) 需要输入目标口令的级别 η 和长度 ℓ 这两个参数，而这两个参数的选择也会对猜测效果产生影响。以长度的选择为例，某个长度的口令在训练集中的出现频度并不能很好地作为反映应该以什么样的频度来猜测这个长度的指标。譬如，假设长度为 7 的口令和长度为 8 的口令在训练集中出现的次数一样多，那么由于长度为 7 的口令的整体搜索空间要远小于长度为 8 的口令，长度为 7 的口令的猜测成功率也会更大。因此，长度为 7 的口令应当被优先猜测。于是 OMEN 使用了一种自适应算法来跟踪每个长度的成功率，并分配更多的候选口令来猜测那些更有效的长度。具体的自适应算法流程如下所述。

首先，对于目标口令的长度选择一个区间，区间内共有 n 个长度，譬如 4 到 20，相应地，此时 n 为 17。这就意味着长度小于 4 或者长度大于 20 的口令将不在枚举算法的考虑范围内。然后针对这 n 个长度，分别执行 enumPwd$(0, \ell)$，并且用成功猜测出来的口令数量除以生成的口令数量得到的比值作为该长度在离散级别 0 的猜测成功概率（success probability，记为 $sp_{\ell,0}$）。

其次，建立一个大小为 n 的列表 L。这个列表中的每个元素是一个三元组（sp，$level$，$length$）。元素之间按照猜测成功概率（即 sp）从大到小排列，因此列表中的第一个元素 $L[0]$ 表示的就是上次猜测结束后猜测成功概率最高的元素。

再次，选择列表中的第一个元素 $L[0] = (sp_0, level_0, length_0)$ 并把它从列表中移除，然后根据第一个元素中的参数执行 enumPwd$(level_0 - 1, length_0)$ 并计算它的猜测成功概率 sp^*。接着，把新的三元组元素（sp^*，$level_0 - 1$，$length_0$）加入到列表 L 中。

最后，对列表 L 重新按照列表中元素的猜测成功概率进行降序排序，并重复上面的第 3 步直到整个列表 L 为空或者枚举算法已经生成了足够数量的候选口令。

在使用 OMEN 方法[25]实施口令猜测时，关于 OMEN 方法中的 n 元语法大小、字母表大小和枚举口令的级别数这三个核心参数的设置和选择，研究人员通过大量的实验比较给出了一些通用性的建议。

- 关于 n 元语法中的 n 的选择：较大的 n 由于提供了更精确的口令分布近似值，通常会产生更好的结果，但也意味着更长的运行时间，以及更大的内存和存储需求。经过实验对比发现，5 元语法比 4 元语法的效果略好。但为了这小幅度的性能提升需要巨大的额外运行时间和内存方面的开销。因此研究人员推荐使用 4 元语法。
- 关于字母表的大小的选择：较大的字母表意味着需要估计更多

的参数,并且会增加运行时间和内存需求。相反,较小的字母表则意味着不是所有可能的候选口令都能被生成出来。基于不同字母表大小的实验分析发现,选择数据集中出现频度最高的 k 个字母来构成字母表,当 k 从 20 增长到 62 时,猜测精度有明显提升,但进一步增加 k 的值并不能显著提高猜测效率。最后,研究人员推荐使用 72 个频度最高的字符构成的字母表来进行口令猜测。值得注意的是,使用不同语言或字母表的数据集,譬如汉语拼音,必须要设置不同的 OMEN 参数。

- 关于枚举口令的级别数的选择:和前面的参数一样,级别数的增加可能会提高精度,但也会增加运行时间。实验发现将级别的数量从 5 增加到 10 可以显著提高准确性,但是进一步增加到 20 或 30 并没有显著区别。最后,研究人员推荐使用 10 作为枚举口令的级别数。

2.2.3　基于神经网络的方法

人工神经网络(或简称为神经网络)是一种机器学习技术,已经被证明在生成新序列方面非常有效。这一优势表明神经网络模型也会很适合生成候选口令,因为口令猜测的本质也是一种序列生成。因此,Melicher 等人[26]提出了**基于神经网络的猜测口令方法**——FLA(fast lean and accurate)。

从理论上来说,神经网络方法存在其他方法所没有的优势。首先,与基于 PCFG 的口令猜测和基于马尔可夫模型的方法相比,基于神经网络的口令猜测方法生成的序列可能是不精确的但很新颖的序列,因此研究人员认为基于神经网络的方法能生成其他方法无法生成的候选口令,从而更胜任允许大猜测数的口令猜测任务。其次,以前的概率口令猜测方法(譬如基于马尔可夫模型的方法)占用内存很多,这意味着在客户端应用这个方法是不可能的，而神经网络可以在比马尔可夫模型小得多的空间中对自然语言进行建模，这就使得在客户端应用口令猜测方法变成了可能。最后，神经网络也被证明可以将一个任务的知识转移到其他相关的任务[27]，这对于破解全新口令组合策略下的目标口令是至关重要的，因为这种策略下的训练数据通常比较少，较难训练出高质量模型。

和马尔可夫模型类似，FLA 系统中的神经网络被训练用作基于给定的上一个字符生成下一个字符来最终得到一枚候选口令。如图 2.2 所示，这个神经网络使用长度为 4 的上下文字符来预测给定上下文"ba"的下一个字符。每个"下一个字符"的概率就是这个神经网络的输出。下面结合图 2.2 对系统设计的模型结构、字母表选择、上下文选择以及迁移学习方法做详细介绍。

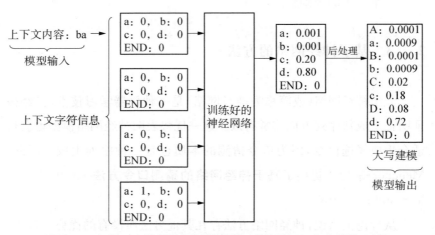

图 2.2 在 FLA 中使用神经网络预测口令片段下一个字符的示例

FLA 系统设计了一种循环神经网络（recurrent neural network，简称"RNN"），也即 LSTM 作为其模型结构。LSTM 是一种特殊类型的神经网络，网络中的连接可以处理序列中的元素，并使用内部存储器来记忆序列中先前元素的信息。研究表明 RNN 很适合在字符级自然语言的上下文中生成文本,这也是 FLA 系统选择 RNN 来生成候选口令的原因。[28-29]FLA 系统选择了字符级别的模型而不是单词级别的模型,这是因为还没有出现专门针对口令生成的单词字典,这就导致很难对口令进行分词以及进一步生成基于口令单词的候选口令。

既然是字符级别的模型,理论上来讲模型的字母表需要考虑所有可输入的字符,但是先前的工作[30]和经验性的观察都表明对所有字符进行建模会产生大量不必要的候选口令,而且有些字符,如大写字母和稀有符号,在神经网络之外进行建模会是更好的选择。通过将模型的输出解释为模板,使用者仍然可以用这些字符来创建候选口令。具体来说,在模型训练以及预测阶段只考虑小写字母,然后通过后续处理推断大写字母的概率,从而可以在减轻模型负担的情况下依然得到包含大写字母的口令猜测。如图 2.2 所示,神经网络只预测小写字母"a"的概率,但是对这个预测进行后续处理就可以通过基于训练集中"a"和"A"出现的次数给它们分配各自的概率(概率和为 1),然后乘以小写字母"a"的概率从而预测下一位"a"和"A"出现的概率。这里的直觉是,当交替的启发式方法能够有效地模拟某些现象(譬如,小写字母和大写字母之间的转换)时,就可以有效减少运行神经网络所消耗的资源量。

如图 2.2 所示,可以看到先将"ba"这样的上下文内容转换为上下文字符信息,然后把上下文字符信息作为神经网络的输入,这样神经网络模型就可以预测下一个字符为"d"的概率。由此可见,上下文信息作为神经网络的输入,对最终预测的效果会有很大的影响。从理论上来说,增加上下文字符的数量会增加神经网络模型的输入信息,从而增加模型训练的复杂度和训练时间,反之,减少上下文字符的数量会导致神经网络模型的输入信息减少,过少的输入信息可能会造成模型预测准确率下降,致使最终的猜测成功率下降。因此,选择合适的上下文字符数量至关重要。通过分别使用口令中所有先前的字符作为上下文和仅仅使用前 10 个字符作为上下文的比较实验,可以发现使用 10 个字符既提升了一个数量级的训练速度，也保证了猜测的成功率，因此最终确定使用前 10 个字符作为上下文。当口令中先前字符数量少于 10 的时候，就如图 2.2 使用"0"来填充上下文字符。

基于神经网络的口令猜测方法还利用了迁移学习方法训练神经网络。所谓迁移学习，简单来说，就是在解决一个问题的同时存储解决过程中获得的知识，并将其用来解决另一个相关的问题。譬如，在学习识别小汽车图像时获得的知识可以应用于尝试识别卡车图像。在口令猜测中，有一些依据非传统口令策略创建的口令所对应的数据很少，譬如长度不低于 16 位的口令或者至少由三类字符构成的口令。在针对这些口令进行猜测破解的时候，一个常见的关键问题就是训练数据太少。而数据驱动的口令猜测方法又十分依赖训练数据，训练样本的稀疏性会限制针对这些非传统策略口令的有效猜测。但是，如果对所有的口令进行训练，那么训练所得的模型对于特定策略的目标口令来说并不是最优的。因为即使在生成阶段忽略掉不满足目标策略的口令，它也会生成对于目标策略来说不准确的口令猜测，这将会在很大程度上影响猜测效率。而迁移学习可以先基于所有的口令训练模型，但是它在生成候选口令（也就是预测下一位字符）的时候只针对目标策略的口令。迁移学习的具体用法是：首先对训练集中的所有口令进行训练，其次把模型的下层固定不变，最后用符合策略的训练集中的口令重新训练模型的最后一层输出层。通常，模型中的较底层学习有关数据的低级特征（譬如，"a"是元音字母），而模型的高层学习数据的高级特征（譬如，元音通常跟随辅音）。类似地，模型中的较底层可以学习计算口令中的字符特征和数量，而较高层可以学习口令长度和上下文关联性的信息，从而能够构建口令通常有 8 个字符长等知识。通过微调更高层的参数，在训练数据稀疏的特定类型口令猜测任务中可以利用模型从所有的口令中学习到的知识。

除了上述这些方法外，相较于一篇提到在口令猜测攻击中使用神经网络却对神经网络的应用几乎没有做任何改进的博客[①]，Melicher 等为使神经网络在实践中有效而对不同参数进行了广泛的测试，包括尝试音节级别（syllable-level）和令牌级别（token-level）的模型、逆序上下文（即按照逆序提供上下文字符，譬如从"rowssap"而不是"passwor"来预测"d"），以及调整参数数量从而试验不同大小的模型对实验结果的影响等。

2.2.4 基于样本扰动的方法

口令猜测方法所生成的候选口令集本质上就是一个虚拟口令数据集，而数据驱动的口令猜测方法则是基于样本训练生成模型，并生成一个虚拟口令数据集。在机器学习领域，虚拟样本生成技术已经得到了许多研究。这些研究按照生成思想大致可以分为三类[31]：（1）基于研究领域具体的先验知识构造虚拟样本；（2）基于扰动的思想构造虚拟样本；（3）基于研究领域的分布函数构造虚拟样本。

在生成虚拟口令数据集的口令猜测方法中，基于规则限制和基于字典的方法类似于基于具体先验知识的构造方法，基于概率模型生成候选口令的方法类似于基于分布构造函数的构造方法。在生成模拟口令集的场景中，简单的基于规则的生成方法要求目标集合具有明显的规则特征，基于字典的口令生成方法适应性和口令空间的覆盖率有限，基于概率模型的方法由于并不能完整地描述小样本中包含的口令分布信息所以合理性也有限。以 PCFG 和马尔可夫模型为例，PCFG 模型重点描述了半终端结构的计算和半终端结构实例化，而马尔可夫模型则更关注相邻字符之间的链式概率关系。它们都在一定程度上对训练

[①] 参见 Sebastian Neef，"Using neural networks for password cracking，"Blog post，https://0day.work/using-neural-networks-for-password-cracking/，2016。

口令进行了解析和概率统计，但都不够完整。事实上，在先验知识有限且分布构造函数难以确认的情况下，生成基于样本的模拟口令集最适宜采用基于扰动的思想。

基于上述想法，韩伟力等人[32]提出了一种基于样本扰动的方法（sample perturbation based password generation，简称"SPPG"），既可以在小样本的情况下生成高质量的模拟口令集用于训练，也可以实现对目标口令的高效离线猜测。它采用基于扰动的样本生成思想并结合PCFG模型来生成口令猜测，这样就可以在生成大规模口令集的同时保持口令集的真实性——基于扰动的口令生成不仅可以提高模拟口令的真实性，还可以实现比单纯的PCFG和马尔可夫等概率模型更快速的模拟口令生成。而算法中使用PCFG模型，一是利用它来控制模拟口令集口令结构分布的合理性，二是扩大了模拟口令集的生成空间。这实际上就是口令集围绕已有的样本进行扩展，即基于已有的元素对口令空间进行填充。填充的方法主要是按照用户设置口令通常采用对已有口令进行变形而不是重新创建完全无关的口令的思想，基于训练集里的口令进行一些变形，从而生成更可能符合用户实际使用的口令。最终，模拟口令集中的口令就由与样本完全相同的口令以及基于样本的相似口令组成。

如算法2所示，文献[32]提出的基于样本扰动的模拟口令集生成算法主要包括以下两步：(1)基于样本的训练；(2)模拟口令的生成。

算法2　基于样本的模拟口令生成算法

Require：已知的样本集合 $SampleSet$ ，一种口令结构划分方法 PCFG，模拟口令集目标口令数 N

Ensure：模拟口令集 $SimulationSet$

1　　$SegProbs \rightarrow \mathrm{PCFG}(SampleSet)$

2　　**FOR** each p in $SampleSet$ **DO**

3　　　　$X_1 \rightarrow X/10 > 1? \ X/10$：1

4　　　　**FOR** $i = 0$；$i < X_1$；$i++$**DO**

5　　　　　　$SimulationSet.add(p')$

6　　　　**END FOR**

7　　　　$X_2 = X - X_1$

8　　　　**FOR** $i = 0$；$i < X_2$；$i++$ **DO**

9　　　　　　$p' \rightarrow SameStruct(SegProbs, p)$

10　　　　　**IF** $\mathrm{PCFG}(p') < 1/N$ **THEN**

11　　　　　　$p' \rightarrow SameStruct(SegProbs, p)$

12　　　　　　**IF** $\mathrm{PCFG}(p') < 1/N$ **THEN**

13　　　　　　　$p' \rightarrow Transformation(p)$

14　　　　　　**END IF**

15　　　　　**END IF**

16　　　　　$SimulationSet.add(p')$

17　　　　**END FOR**

18　　　**END FOR**

19　　　$N_2 \rightarrow N - M * X$

20　　　$SampleSet2 \rightarrow PasswordSampling(SampleSet, N_2)$

21　　　$SimulationSet2 \rightarrow getSimulationSet(SampleSet2, N_2)$

22　　　**FOR** each p in $SimulationSet2$ **DO**

23　　　　$SimulationSet.add(p)$

24　　　**END FOR**

25　　　RETURN $SimulationSet$

　　算法中的步骤 1 对应基于样本的训练步骤,具体来说就是依据 PCFG 的方法对样本建立概率模型。首先将口令转化为以小写字母

(L：lowercase)、大写字母(U：uppercase)、数字(D：digit)和特殊字符(S：symbol)的形式表示的字符类型,其次统计每一种子模板中不同长度的结构片段对应的具体口令子字符串概率。

步骤 2～18 表示算法会循环地为 *SampleSet* 中每枚口令生成 X 个相关的模拟口令。其中,$X = N/M$,N 为模拟口令集的目标口令数,M 为样本集的口令总数,X 是向下取整的结果。步骤 3～17 具体地根据样本口令来生成模拟口令。在文献[2]的用户口令设置习惯的相关调研中,用户在设置新口令时的习惯按照与已有口令的相似程度可以分为三种情况：使用已有口令、设置相似的口令和设置全新的口令。本算法也利用这一规律生成三类与样本口令具有不同相似程度的模拟口令,它们分别是与样本口令完全相同的口令、与样本口令相似的口令,以及与样本口令具有相同结构的任意口令。首先,在步骤 3～6 中生成与 p 完全相同的模拟口令 p',并加入模拟口令集 *SimulationSet*。相同口令的比例为模拟口令总数的 1/10。剩余部分的模拟口令由步骤 7～17 来生成。步骤 9 随机生成和口令 p 在 PCFG 模型空间中具有相同结构的新口令 p'。为了提高生成真实口令的可能性,在步骤 10 判断口令 p' 在 PCFG 模型中的概率值是否小于 1/N。若小于 1/N 说明按照 PCFG 模型的估算,p' 在模拟口令集中出现频率小于 1,算法在步骤 11 对 p' 进行重新生成。如果二次生成的口令 p' 概率仍然小于 1/N,则在步骤 13 中用 *Transformation* 方法将 p' 取为与 p 相似的口令,*Transformation* 方法在后文(算法 3)有详细的介绍。在以上的步骤中,随机产生与口令 p 结构相同的口令,是利用 PCFG 这种比较符合常规的口令结构划分方式对口令结构分布进行控制。若直接利用 PCFG 空间随机生成新口令,只能提高模拟口令生成速度,而无法提高 PCFG 模型的模拟口令真实性。因此步骤 10～15 通过重新生成的方式使得新口令 p' 集中于 PCFG 概率空间中的高概率部分,另一部分则通过口令变形的方式生成。

考虑到步骤 2～18 生成的是样本集合整数倍的模拟口令,不一定等于模拟口令集目标总数 N。因此剩余小部分的模拟口令 *SimulationSet* 2 需要再通过 *getSimulationSet*（即步骤 2～18）来生成。其中，作为基准的样本口令 *SampleSet* 2 从 *SampleSet* 中随机采样，*SampleSet* 2 的总数 M_2 $=N_2/X$。步骤 22～24 将最后一部分模拟口令加入模拟口令集 *SimulationSet* 中。最终，算法返回 *SimulationSet*（步骤 25）。

算法 3　基于规则的相似口令生成算法 Transformation

Require：口令 p

Ensure：p 经过变形后的相似口令 p'

1　　*matchRule* → FALSE

2　　**WHILE** !*matchRule* **DO**

3　　　　*ruleType* → *RuleTypeSampling*()

4　　　　**IF** *ruleType* = 1 **THEN**

5　　　　　　p' → *Delete*(p)

6　　　　**ELSE IF** *ruleType* = 2 **THEN**

7　　　　　　p' → *CaseConversion*(p)

8　　　　**ELSE IF** *ruleType* = 3 **THEN**

9　　　　　　p → *Leet*(p)

10　　　　**ELSE IF** *ruleType* = 4 **THEN**

11　　　　　　p' → *SubstringMovement*(p)

12　　　　**ELSE IF** *ruleType* = 5 **THEN**

13　　　　　　p' → *SequenceTransformation*(p)

14　　　　**ELSE IF** *ruleType* = 6 **THEN**

15　　　　　　p' → *Half*(p)

16　　　　**END IF**

17　　　　**IF** p' != *NULL* **THEN**

18	$matchRule \rightarrow TRUE$
19	**END IF**
20	**END WHILE**
21	**RETURN** p'

算法 3 展示了基于变形的相似口令生成方法 $Transformation$ 的具体内容。与样本口令相似的口令是通过对样本口令进行常见的规则变换而得到。一些研究[2,33]调查了广受用户欢迎的几类针对已有口令的变换规则。虽然不同的研究可能会因为调研的规模大小、目标人群等差异对这些规则的具体使用情况给出不完全一致的结论，但总体而言这些变换规则被使用的频率基本类似。在实际的用户口令设置中，可能用到的相似口令变换规则不胜枚举。本算法选取了在文献[2]和[33]的调研中、被用户使用频率最高的十条变换规则的交集部分，共计六条规则。这六条规则分别是删除规则、字母大小写变换规则、Leet 变换规则、子字符串位置变换规则、连续字符变换规则和取半规则。在后面会结合具体的算法介绍这六条规则，值得注意的是，反转规则（譬如，将口令"abc123"变为"321cba"）和插入网站特定信息的规则（譬如，向口令中插入网站的名字）虽然也属于被用户使用频率最高的十条变换规则的交集部分，但在变形算法中暂不考虑。这是因为，为了便于记忆，用户选择反转的口令通常带有一定的特征，这些特征的多样性使得算法难以迅速且准确地过滤出这类口令，而用户在插入网站特定的信息时，可用于插入的信息也是形式多样的。因此，为了保证算法生成的扩展口令的真实性以及算法生成模拟口令的时间效率，研究人员最终只针对交集部分里的六条规则进行相应的变换。算法 3 首先在步骤 3 中随机选定一条当前口令变换要使用的规则，然后相应地在步骤 5、7、9、11、13 或 15 中实现变换。以下是这六种变换的实现细节。

步骤 4~5 对应的是删除变换规则。如果口令由两种及以上的字符类型组成,算法会对口令中出现个数最少的那类字符 C 进行删除。为了增加相似口令的多样性,被删除的字符可以是口令中包含的所有的 C 类字符,也可以是由别的字符类型分隔开的一段 C 类字符。另外,一些用户习惯设置新口令时在现有口令基础上添加一个字符。因此,删除变换也可以是删除口令中的一个字符。譬如,样本口令"123password123"通过删除变换可以得到相似口令"password123""123password""password"或"123password12"。考虑到许多用户在设置新口令时会选择对现有口令进行添加部分字符的变换操作。同时,进入算法 3 的口令为在 PCFG 模型中概率较小的口令。这类口令往往具有长度较长或结构较为复杂的特征。因此进行删除部分字符的变形处理很可能得到与样本口令相似且符合用户口令设置习惯的新口令。需要注意的是,如果当前场景中明确规定了最短的口令长度,那么当删除变换执行后的口令长度小于最短口令长度,则删除不成功。

步骤 6~7 对应的是字母大小写变换规则。这也是最常见的用户口令变换规则之一。大小写变换一般有三种情况:一是口令的首字母大小写变换(如"helloworld"和"Helloworld");二是口令中单词的首字母大小写变换,和驼峰命名法类似(如"helloworld"和"HelloWorld");三是整枚口令字母片段的大小写变换(如"helloworld"和"HELLOWORLD")。总结下来,字母大小写变换规则可能只涉及口令的首字母,只需要将口令的首字母从大写变为小写或者从小写变为大写,同时也可能涉及整个字母片段的大小写变换(若字母片段为全小写形式则将它转为全大写形式;若字母片段为全大写形式,则将其转为全小写形式;若有的字母是大写形式有的字母是小写形式,则转为全大写形式或全小写形式)。

步骤 8~9 对应的是 Leet 变换规则。这个变换规则主要是对常见的几种形似的字符做替换,在算法 3 考虑的相似情况包括 a 与 @ 的互换、s 与 $ 的互换、o 与 0 的互换、i 与 1 的互换、e 与 3 的互换和 t 与 7 的互换。举例来说，对于样本口令"password"，利用 Leet 变换规则，算法可以得到"p@$$word"，也可以得到"p@$$w0rd"，区别就在于是对口令中所有能变换的字母使用 Leet 变换还是只对部分情况使用 Leet 变换。

步骤 10～11 对应的是子字符串位置的变换规则。算法以特殊符号作为分隔符，将子字符串按照字符类型分类。若除去特殊符号后用户口令不是单一的字符类型，则将首尾的子字符串进行位置交换。譬如从"gzwz@0204"到"0204@gzwz"。

步骤 12～13 对应的是连续字符的变换规则。口令中字符的连续可能有两种形式：一种是字符串的 ASCII 码连续，另一种是字符串在标准键盘中同一行位置里的连续。连续字符的变换是将字符串按照相同的规律添加一个字符或删除一个字符或整枚口令字符串替换为另一个同类型的字符串。举例来说，对于样本口令"12345678"，利用连续字符的变换规则可以得到相似口令"123456789""1234567""abcdefgh"或"qwertyui"。其中，前两枚口令是在原有的连续规律上进行字符添加或者删除，而第三枚口令是根据 ASCII 值的连续规律将整枚口令字符串映射到另一枚口令上，第四条则是根据键盘的连续规律将整枚口令字符串映射到另一枚口令上。

步骤 14～15 对应的是取半操作变换规则。这个变换操作针对的情况是当口令本身具有回文或重复的特征时，取口令的一半作为相似口令。譬如样本口令"passwordpassword"本身具有重复的特征，它是由"password"重复一次得到的，因此进行取半变换就可以得到相似口令"password"。

最后，算法 3 里最外层的循环（步骤 1～2）表示如果当前的口令无法按照随机选中的某变换规则进行扩展，譬如口令"vxfd5w5x"因为不包含 Leet 变换相关的字符，无法进行 Leet 变换，则重新选择其他规则。

2.2.5　基于 GAN 的口令猜测方法

生成对抗神经网络（generative adversarial networks，简称"GAN"）是 Goodfellow 等人提出的一种生成模型[34]，具有无需显式建立概率密度函数模型即可生成数据的能力。生成对抗神经网络由一个生成网络 G(generator)和一个判别网络 D(discriminator)构成。生成网络 G 负责控制模型生成模仿真实数据集的输出，判别网络 D 从真实数据和生成网络产生的数据中分辨出真实数据。生成网络 G 和判别网络 D 的对抗是一个博弈的过程，所以 GAN 的训练实际上是判别网络 D 和生成网络 G 极大极小化的过程，其优化模型如下：

$$\min_{\Theta_G}\max_{\Theta_D}\left(\sum_{i=1}^{n} log\left[f(x_i;\Theta_D)\right] + \sum_{j=1}^{n} log\left\{1 - f\left[g(z_j;\Theta_G);\Theta_D\right]\right\}\right)$$

$$(2.22)$$

其中 $f(x;\Theta_D)$ 和 $g(z;\Theta_G)$ 分别代表判别网络 D 以及生成网络 G 的模型。当达到训练的目标时，生成网络 G 能够生成与输入样本相似度极高的样本，判别网络则无法判断输入数据为真实数据还是生成数据。

数据驱动的用户口令猜测通常来说是一个从真实口令数据集中获取口令特征，根据口令特征生成与原始口令集相近的数据集的过程。最新的口令猜测工具，譬如 hashcat 和 JtR，通过定义口令的转换生成规则，能够生成大量包含口令特征的候选口令集。口令规则的生成依赖用户选择口令的直觉判断，而不是基于已有用户口令数据的分析判断。因此，这类基于启发式规则的口令猜测方法往往只能覆盖一部分口令特征，生成的口令集也只能包含口令空间的特定子集。生成对抗神经网络是较新的生成模型，理论上能够生成任何生成器网络。与基于启发式规则的猜测方法不同，基于 GAN 的口令猜测方法能够自主学习口令集中口令的特征和结构，获取生成口令的输出模型。由于口令中存在大量隐性规律，构造 GAN 能够相对全面地学习口令特征。因此，Hitaj 等人[35]提出 PassGAN 方法，将生成对抗神经网络用于口令猜测。

PassGAN 由生成网络和判别网络组成。判别网络处理来自训练数据的口令以及生成网络生成的口令样本。根据判别网络的反馈，生成网络对模型参数进行调整，生成与训练集样本分布相似的口令集。如图 2.3 所示，在 PassGAN 中，生成网络由一个卷积层、五个残差层和一个线性层组成。如图 2.4 所示，判别网络由一个线性层、五个残差层、一个卷积层和一个 Softmax 层组成。如图 2.5 所示，PassGAN 使用残差网络块连接能够减少梯度消失的情况，增加对用户口令的学习能力。

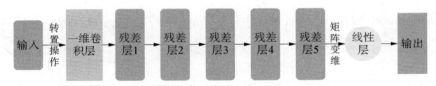

图 2.3　PassGAN 生成器网络结构

图 2.4　PassGAN 判别器结构

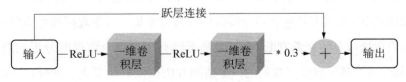

图 2.5　PassGAN 主要组成部分残差网络块

如图 2.5，构建 PassGAN 最重要的组成部分是残差网络块（residual blocks）。在训练深度神经网络时，初始训练误差随着层数的增加而减小，但是在达到一定的层数后，训练误差又开始增加。残差网络的提出就是为了解决这个问题。与其他深度神经网络相比，在单纯的向前传播的基础上，残差网络块增加了跃层链接（shortcut connection）。残差网络能够减少梯度消失情况的出现，并减少训练错误。PassGAN 使用的残差网络块由两个一维卷积层组成，通过 ReLU 激活函数相互连接。

PassGAN 的实现基于 IWGAN(improved training of Wasserstein GAN)。IWGAN 是用于文本生成的 GAN 网络中较稳定的一种实现方法。为了更好地从训练集获取口令特征，PassGAN 对多个 GAN 网络参数进行了实验与优化。

- **批大小**。批大小控制每次通过 GAN 传播的口令数。PassGAN 的批大小为 64。
- **迭代次数**。迭代次数与 PassGAN 进行正向传播和反向传播的次数有关。PassGAN 选择 199 000 作为迭代次数，原因是更多的迭代次数将带来过拟合问题。
- **生成器每次生成数据判别器的鉴别次数**。每次生成器生成模拟口令集，判别器将鉴别口令集的次数。PassGAN 使用 IWGAN 的默认值 10。
- **模型维数**。模型的维数为每个卷积层的维数。PassGAN 中，生成器和判别器的卷积层的维数为 128。
- **梯度惩罚系数**。用于设置判别器鉴别错误的惩罚。越高的惩罚系数将会带来越稳定的训练结果。PassGAN 选择梯度惩罚系数为 10。
- **输出文本长度**。控制输出文本的最大字符长度。IWGAN 默认设置为 32。PassGAN 选择最大文本长度为 10，用于匹配长度小于等于 10 的短口令。
- **输入随机数向量大小**。控制从正态分布获取随机数的个数，随机数用于生成样本。PassGAN 选择从正态分布获取 128 个浮点数作为随机数向量大小。

- **最大训练口令数**。PassGAN 将训练集大小作为最大训练口令数。
- **Adam 优化器的超参数**。Adam 优化器的参数包括学习率 α、系数 β_1（一阶矩估计的指数衰竭率）与系数 β_2（二阶矩估计的指数衰竭率）。PassGAN 设置 β_1 为 0.5，β_2 为 0.9。学习率 β 为 10^{-4}。

口令猜测模型的准确性与 PassGAN 运行参数的选择有很大的关系。为了比较 PassGAN 的猜测效果，Hitaj 等人将 PassGAN 与常用的工具，包括 hashcat（规则集选择 best64 和 gen2）、JtR、马尔可夫模型、PCFG 与神经网络方法 FLA 进行比较。比较的方法是用其他工具生成一定数量的口令，然后 PassGAN 尝试对相同的口令集生成相同破解率的口令。换句话说，在口令集与口令破解率相同的情况下，比较需要的候选口令生成数量。

如表 2.10 所示的实验结果表明，与依赖人工生成规则和马尔可夫模型的口令猜测方法不同，PassGAN 需要更多的猜测次数来达到相同的破解率，猜测数的差距甚至达到一个数量级。Hitaj 等人认为这是预料之中的，原因是 PassGAN 没有预先关于口令结构以及口令规律的假设。这进一步表明没有关于口令结构的知识作为输入，PassGAN 依然能够从口令序列中提取足够的信息，生成与其他工具相同破解率的口令。

表 2.10　PassGAN 与其他工具在 Rockyou 数据集上的比较结果

方法	不相同口令数	匹配数	PassGAN 生成相同匹配数需要的猜测数	PassGAN 匹配数
JtR Spyderlab	1×10^8	461 395 (23.32%)	1.4×10^9	461 398 (23.32%)
Markov Model 3 - gram	4.9×10^8	532 961 (26.93%)	2.47×10^9	532 962 (26.93%)

续　表

方法	不相同口令数	匹配数	PassGAN 生成相同匹配数需要的猜测数	PassGAN 匹配数
hashcat gen2	1×10^8	597 899 (30.22%)	4.8×10^9	625 245 (31.60%)
hashcat best64	3.6×10^8	630 068 (31.84%)	5.06×10^9	630 335 (31.86%)
PCFG	1×10^8	486 416 (24.59%)	2.1×10^9	511 453 (25.85%)
FLA$\rho = 10^{-10}$	7.4×10^8	652 585 (32.99%)	6×10^9	653 978 (33.06%)

　　PassGAN 在口令集交叉猜测方面也有比较好的结果。在 Hitaj 等人的实验中,PassGAN 在 Rockyou 的口令集上训练,将训练的模型用于 LinkedIn 口令集的猜测。尽管所有工具包括 PassGAN 的猜测命中率都有所下降,但是 PassGAN 破解率下降幅度比较缓和。譬如,PassGAN 能够在相对更少的猜测次数内匹配和 hashcat 相同破解数量的口令。因此,PassGAN 能够提取口令的公共特征进行跨口令集的口令猜测。

　　与深度神经网络的方法类似,PassGAN 能够匹配已有规则未覆盖的口令空间的一部分。在口令猜测过程中,使用多种猜测方法组合的方式能够有助于猜测出更多的口令。组合的效率依赖各种方法产生的口令集之间的重叠率。如果两种方法产生的口令存在较大差异(较小的重叠),那么将两者组合后能够产生较高的组合效果。相反,如果两种方法生成的口令集存在大量相同的口令,那么两者组合后将产生比较低的组合效果。在评估 PassGAN 的效果时,Hitaj 等人删除了 hashcat 的 best64 规则集能匹配的所有口令,形成一个新的口令集。PassGAN 在新的口令集中,使用 Rockyou 数据集训练的模型的最终破解率能够达到 51%,使用 LinkedIn 数据集训练的模型的最终破解率

能够达到 73%。结果表明 PassGAN 学习了人工产生规则之外的口令
组成特性，能够与已有工具达成比较好的组合效果。6.2.5 版本后的
hashcat 也支持将 hashcat 与其他工具臂（如 PCFG 和 PassGAN 等）组
合，形成更好的猜测效果。

基于 GAN 的口令猜测方法也存在着一些不足之处。首先，为了
在同样的口令集上达到相同的口令破解率，PassGAN 需要生成的口令
猜测数比其他工具的多了一个数量级。尽管随着口令存储代价的降
低，猜测口令规模的影响不是特别严重，但是更大的猜测数意味着更低
的命中率，PassGAN 相对其他工具的实际使用价值也相应降低。其
次，GAN 在训练中存在不稳定性，PassGAN 的训练结果可能会不符合
预期。PassGAN 中生成网络更新的梯度来自判别网络的反馈，如果存
在一种生成网络的输出，输出的结果并不接近真实数据，但是判别网络
认可了输出，那么接下来生成网络将继续生成类似的数据。如此反复，
GAN 输出的结果将与真实数据的特性偏离，导致最终结果并不理想。

2.2.6 基于表征学习的口令猜测方法

在 PassGAN 的基础上，Pasquini 等人[36]提出了利用生成对抗网
络（GAN）和自动编码器（auto-encoder）建模口令分布的基于表征学习
的口令猜测方法。表征学习旨在从大量非结构化数据中学习有用的和
可解释的表征。[37]为了展现表征学习方法相较于其他口令猜测方法的
优势，Pasquini 等人针对不同猜测场景分别提出了条件口令猜测
（conditional password guessing，简称"CPG"）和动态口令猜测
（dynamic password guessing，简称"DPG"）这样两种口令猜测方法。
通过将表征学习这样一种通用方法应用于泄露的口令数据集上，
Pasquini 等人证明了学习观察到的口令分布的适当表示，要比直接估

计口令的分布更具有优势。

在介绍 CPG 和 DPG 之前,首先介绍一下表征学习方法所使用的网络模型——GAN 和自动编码器。关于 GAN,表征学习方法沿用了 PassGAN 的模型,并解决了其存在的固有问题——训练不稳定。PassGAN 模型的训练不稳定问题,会导致 PassGAN 模型的生成器和判别器在训练迭代的过程中不能执行足够的迭代次数,从而使模型对目标集数据分布的近似不准确,降低了口令猜测任务的猜测准确率。在最初的模型中,口令字符串的离散表示为模型引入了很强的不稳定性,主要原因有两个:(1)由于最终使用的是 softmax 激活函数,而对于生成器来说,离散的数据格式很难重现,这就很容易导致低质量的梯度;(2)由于生成器无法完全模拟训练集的离散特性,因此判别器可以直接区分出真实数据和生成数据,而判别器可以轻易地分类正确导致生成器在训练阶段难以有改进的空间。

为了解决上述训练不稳定的问题,Pasquini 等人在训练集中的口令字符串的表示上应用了随机平滑的方法。这个平滑操作在口令字符串的每个字符的热编码向量表示上应用了小幅度的加性噪声。具体的平滑操作由一个超参数 γ 控制。该参数定义了噪声幅值的上限。Pasquini 等人根据经验选择了 0.01 作为超参数的值并在加入噪声后重新归一化了每个字符的分布。这样的平滑操作可以允许模型相较于之前执行 30 倍以上的训练迭代而不会导致训练崩溃。平滑操作的加入也使得研究人员可以为生成器和判别器开发更深层的体系结构,譬如在保证残差块数量不变的同时使用较深的残差瓶颈块代替普通的残差块,以及在生成器中使用批归一化来增加网络层数。这些改进使得模型能更好地近似目标口令集的分布,并且在口令猜测任务上能够相对提升 50% 的猜测成功率。

为了更进一步提高表征学习方法的通用性,Pasquini 等人引入了第二个新的口令猜测深度生成模型。它基于 Wasserstein 自动编码器

（context auto-encoder，简称"CAE"）[38]，将矩匹配正则化应用于潜空间（即 WAE-MMD[38]，简称"WAE"）。为了允许对隐空间采样，WAE对潜空间进行正则化处理，使其与所选择的先验潜在分布相一致。WAE 学习的潜空间表示与 GAN 中的潜空间表示有一些共同的特性，但是它提供了非常精确的逆映射，这意味着 WAE 在某些情况下要优于GAN。为了进一步规范 WAE，研究人员将模型训练为上下文自动编码器。在 CAE 训练过程的每次迭代中，编码器接收的输入是输入口令的噪音版本。口令的噪音版本是通过根据一定概率移除原输入口令中每个字符得到的，具体的概率为 $\frac{\epsilon}{|x_i|}$，其中 $|x_i|$ 表示输入口令包含的字符数量，而 ϵ 是一个超参数，在实现中固定为 5。模型将噪音版本作为输入，然后通过训练将恢复出的完整口令作为输出，也就是说模型必须根据给定字符组成的上下文估算缺失的字符。此外，CAE 在训练阶段允许把通配符上下文化，这一点对于后面提到的 CPG 猜测场景是很重要的。

下面介绍第一种口令猜测方法——CPG，顾名思义，它是基于一定条件的口令猜测。这种猜测方法利用了口令局部性的概念与口令模板反转技术来生成条件化和部分知识已知的口令。

口令局部性是在表征学习方法下所呈现出的一种特征。生成器学习到的潜空间表示会使得数据空间中共享语义关系的数据在潜空间上保持几何连接，也就是说，潜空间表示会使得相似的数据更接近。这里的相似取决于建模的数据域和它的分布，在口令的潜空间表示中主要依赖于口令结构、公共子串的出现等关键因素。以口令"jimmy91"为例，其在潜空间中周围的口令倾向于保持相同的口令结构（即五个字母后面紧跟着两个数字），以及基于相同的子字符串"jimmy"和"91"进行细微变化，譬如"simmy91""jimmy88"等。这种口令局部性特征又被称为强局部性，与之对应的则是弱局部性（一种更弱、更一般的语义边界形式，在后面的 DPG 猜测方法中作详细介绍）。根据口令的强局部性特点,不同类别的口令被组织并限定在潜空间的不同区域中,因此可以通过从特定区域进行采样来生成特定类别的口令。通过这样的方法可以在生成口令的过程中引入任意的偏差,前提是需要先定义一种可行的、有意义的方法来表示这些偏差。

最简单的方法就是利用一枚口令在潜空间中的位置,然后将生成器的采样范围限制在它的周围,这样就可以很容易得到和该口令相似的口令。为了与先验潜空间分布保持一致,同时也为了避免部分采样点的分布失配,可以选择高斯分布 $N(z, \sigma I)$ 作为采样时的分布要求。而根据口令局部性的概念,采样点和采样中心点之间的语义关联强度与两者在潜空间上的空间距离成正比。因此,高斯分布的 σ(即标准差)值能够直接控制生成口令中存在的语义边界级别。表 2.11 展示了以同一枚口令"jimmy91"为中心、不同 σ 值下采样得到的前十枚口令,从表中可以看到较小的 σ 值采样得到的口令高度一致,而较大的 σ 值采样得到的口令可以探索远离采样中心点的区域,并得到不同类型的相似口令。

表 2.11 不同 σ 值下以口令"jimmy91"为中心采样得到的前十枚口令

$\sigma=0.05$	$\sigma=0.08$	$\sigma=0.10$	$\sigma=0.15$
jimmy91	jimmy99	mnmm988	jimmy91992
jimmy11	micmy91	tbmmy98	jrm6998
jimmy21	jimsy91	jismyo15	sirsy91
jimmy88	mimmyo1	jizmyon	jrz4988
jimmy81	jbmmy88	j144988	Rimky28
jimmy98	simmy98	jbmm998	missy11
mimmy98	dijmy91	timsy91	jimmy119
jimmy28	jimmy91	jrm4985	sikjy91
simmy91	timsy91	jhmmy88	licky916
mimmy91	jnmm988	jhmm988	gimjyon

上面介绍的方法中，将具体口令映射到潜空间中特定位置的步骤依赖之前提到过的编码器来完成。编码器的默认行为是将一枚口令字符串作为输入，然后在潜空间中精确地定位其相应的潜空间表示。但仅凭这个做法难以实现有效的口令猜测，因为难以选择作为采样中心点的口令。因此，还需要对编码器做一些特殊的处理来进一步定位一般类别的口令，譬如可以通过一个表示目标类别口令定义的最小模板来任意定义这些类别的口令。

具体的做法是在编码器的字母表中引入通配符，从而将具体的口令转为包含通配符的口令模板，来强制编码器围绕特定的口令定义工作。通配符可以用作占位符来表示未指定的字符。Pasquini 等人使用特殊符号"∗"来表示通配符，譬如模板"jimmy∗∗"表示的是以字符串"jimmy"开头、后面跟着任意两个字符的一类口令。当编码器对这样一枚口令模板进行反转操作时，得到的潜空间中的点表示的是总长度为 7、以"jimmy"为开头的一类口令所对应的集合的中心点。因此，围绕这个点进行采样可以生成输入模板的良好实例。实际上，当输入字符串对应的矩阵作为输入被赋予编码器时，可以通过将一个通配符映射到一个空的热编码向量来实现上面的操作。通配符可以放置在任何位置，从而能够定义任意复杂的口令模板。

表 2.12 中展示了在 Rockyou 数据集上训练的生成器上利用强局部性属性获取的一些口令模板的示例，按照频率降序选择了排名前十的口令进行展示。

表 2.12　口令模板示例

jimmy ∗∗	∗∗ jimmy	∗∗ mm ∗ 91	12 ∗∗∗ 91
jimmy11	majimmy	summy91	1231991
jimmy13	mujimmy	sammy91	1211991
jimmy01	mojimmy	tommy91	1221991

续　表

jimmy ∗∗	∗∗ jimmy	∗∗ mm ∗ 91	12 ∗∗∗ 91
jimmy12	myjimmy	tammy91	1201991
jimmy10	12jimmy	mommy91	1271991
jimmy20	jojimmy	jimmy91	1234591
jimmy21	gojimmy	gimmy91	1219991
jimmy16	jjjimmy	iammy91	1205091
jimmy19	aajimmy	mimmy91	1280791
jimmyes	m0jimmy	sommy91	12g1991

　　Pasquini 等人认为,尽管现有的口令猜测方法并没有针对这方面的工作,但是基于一定偏差来生成猜测口令(即把通配符作为口令生成模板的偏差)对安全从业人员和普通用户都很有帮助和意义。他们列举了三种可能的场景来说明自己的观点。

- 攻击者可能对生成具有特定结构或公共子字符串的任意数量的候选口令感兴趣。譬如,攻击者可能希望生成包含被攻击的 Web 应用程序名称作为子字符串的候选口令来实施猜测攻击。
- 攻击者可以利用能够根据部分已知知识的生成条件口令的猜测方法来提高针对用户输入的侧通道攻击的威胁。由于这些侧信道攻击的精度问题,它们通常只能恢复出不完整的口令(譬如口令中的某些字符)。攻击者可以利用条件口令生成机制输入丢失的字符并恢复出目标口令。
- 与第二种场景的运用方式类似,合法用户也可能想要恢复出自己只记住了部分内容或者大致模板的口令。

　　在这些场景上,对于现有的诸如基于 PCFG、FLA 的口令猜测方法而言,生成符合模板偏差要求的猜测口令非常困难。为了用这些猜测方法针对任意模板生成候选口令,一个简单的方法是根据设定的最低概率枚举所有符合概率要求的候选口令，然后从这些候选口令中过滤出与模板相符的口令。但是，这样的做法成本很高，对存储空间的要求也很高。更重要的是，在生成候选口令时，小的截止概率值会很容易让这种方法变得难以处理，因为枚举操作可能会由于空间未剪枝的访问而需要指数级增长的开销，这也意味着这种方法难以产生相对低概率的候选口令。

相比之下，CPG 可以基于表征学习模型和口令局部性特点很好地满足上述场景的要求。根据局部性原则，可以在潜空间确定相似口令所在的精确区域，然后使用模板反转技术对这些区域进行定位和采样，这样就可以以最小的代价枚举带条件偏差的口令。而且，这样的做法可以为每个有意义的条件偏差产生适当数量的候选口令——哪怕会生成低概率的候选口令。

算法 4 对条件口令猜测方法作了形式化的介绍。算法的输入是三个参数：口令模板 t、采样次数 n 和高斯分布的标准差 σ，而算法的输出则是采样 n 次后、符合口令模板 t 的一个候选口令集合。算法 4 中的步骤 1 初始化输出候选口令集合 X。步骤 2 表示对口令模板 t 利用编码器进行编码，获得其在潜空间中对应的位置。步骤 3～9 表示在潜空间中循环采样 n 次，其中：步骤 4 表示以口令模板在潜空间的对应点为中心、根据高斯分布在周围区域进行采样获得点的向量表示；步骤 5 对向量表示进行解码获得对应的候选口令字符串；步骤 6～8 则是判断解码出的口令字符串是否符合口令模板 t，如果符合就将它加到候选口令集合 X 中。最后，步骤 10 输出得到的候选口令集合 X。

算法 4　条件口令猜测算法（CPG）

Require： 口令模板 t，正整数 n，实数 σ

Ensure： 生成口令集合 X

```
1      X = {}
2      z^t = E(t)
3      FOR i = 0; i < n; i++ DO
4          z_i ~ N(z^t, σI)
5          x_i = G(z_i)
6          IF  x_i ⊢ t  THEN
7              X = X ∪ {x_i}
8          END IF
9      END FOR
10     RETURN X
```

介绍完 CPG 之后,下面将介绍另一种口令猜测方法——DPG。如上所述,表征学习的方法会将相似口令映射到潜空间中相近的位置,这种属性被称为"口令强局部性"。利用这种强局部性可以生成作为采样中心的口令或者口令模板相对应的口令变种。所谓的强局部性,强调的实际上是上述基于某个中心采样得到口令集后,口令集内部的严格语义关系。然而,基于同样的表征学习方法,也可以在口令之间实现更广泛形式的语义绑定。这种更广泛形式的语义绑定部分捕获了整个口令分布的一些一般特征。这些特征可能是口令分布的非常抽象的属性,例如受口令策略影响的平均口令长度和字符分布。这种被观察到的特征被称为口令弱局部性,以此和强局部性加以区分。

Pasquini 等人利用 t-SNE 方法,对潜空间中的点对应的高维向量进行降维处理后,将这些点的分布情况在二维空间里进行了展示。图 2.6 展示的就是在 Rockyou 数据集上训练的生成器对 myspace、hotmail、phpbb 这三个数据集中在潜空间中映射点的二维展示。其中深色的点表示对应的口令数据集中的口令在潜空间中对应的点,而浅色的点则松散地表示整个潜空间的密集部分的点。从图 2.6 中可以看到，来自同一个数据集的口令往往在潜空间中呈现聚集的趋势（即深色点的分布），并且不会突然朝着某个方向延伸或者传播。口令集中的口令所覆盖的潜空间部分的维度显然取决于数据集中口令的异质性。来自较小数据集（如 myspace）的口令集中在潜空间中有限且密集的区域，而来自较大数据集（如 phpbb）的口令往往覆盖更多的、保持紧密相连的部分。

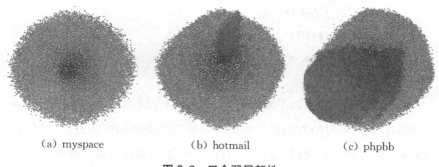

(a) myspace   (b) hotmail   (c) phpbb

图 2.6　口令弱局部性

　　基于口令分布的弱局部性特点，下面进一步介绍 DPG 方法背后的理论动机及具体的实例化实现方式。现有的概率口令猜测工具或隐式或显式地试图捕获一组观察到的明文口令（即训练集）背后的数据分布，然后用这样建模好的分布去生成新的一致化的猜测口令，从而实现口令猜测攻击。训练集通常由以前泄露的口令组成，而根据假设，每个泄露的口令数据集都有一个特定的口令分布。在训练概率模型时，通常假设训练集的口令分布足够通用，这样可以很好地表示口令分布的整个类别。这个"通用性"本质上是由于真实世界的口令猜测攻击确实是对可能来自完全不同口令分布的口令数据集实施的。事实上，攻击者通常没有关于目标口令集的口令分布的任何信息。这意味着目标口令集的口令分布确实可能会和用于模型训练的训练集的口令分布完全不同。举一个具有代表性的例子,不同口令策略的要求或者用户的主语言的影响会导致测试集中口令的分布与训练集中的口令分布大不相同。而训练集和测试集的分布差异是机器学习领域的一个众所周知的问题,被称为"协变量偏移"(covariate shift)[39]。

通常情况下,攻击者对被攻击的口令集的分布一无所知。然而,一旦攻击者成功破解了其中的任意一枚口令,就可以开始观察和模拟被攻击口令集的分布。每一个新的成功猜测出的口令都提供了有价值的信息,攻击者可以利用这些信息来提高口令猜测攻击的质量,即减少协变量偏移。鉴于成功猜测出的口令和概率分布之间存在连续的反馈,这个迭代的过程类似于贝叶斯方法。

对于数据驱动的用户口令猜测方法而言,利用成功猜测出的口令信息的最简单的方法就是微调模型来改变学习到的口令分布。但是对于 FLA 这样的概率模型而言,修改模型对应口令分布的唯一可能性是利用学习过程来调整模型中的权重参数。然而,这样的方案并不容易实施,主要是因为新破解出的口令量少,可能不具有足够的代表性,并且不会强迫模型对新获取的信息进行泛化。此外,对神经网络进行微调的计算量相当大,而且由于学习过程的敏感性,模型微调后的最终结果无法保证。

和 FLA 方法相似,表征学习方法的生成模型也是使用神经网络作为评估器,但是它建模的分布是一个如式(2.23)所示的联合分布:

$$p(x) = p(x, z) = p(x \mid z; \theta) p(z) \qquad (2.23)$$

这里,$p(z)$ 表示潜空间分布。

根据前面介绍的表征学习方法的猜测原理,当 $p(z)$ 等于先验潜空间分布 $\dot{p}(z)$ 时,$p(x \mid z; \theta) p(z)$ 可以很好地近似目标数据的分布。而 $p(z)$ 可以任意选择,并用于间接改变由生成器建模的概率分布。事实上,$p(z)$ 完全独立于生成器,因此它可以在不影响神经网络参数的情况下被任意修改。这样的特点加上潜空间中的口令局部性特征，使得模型可以准确高效地对新的猜测出的口令进行泛化，从而引导预训练好的网络能够建模出更接近被猜测出口令的口令分布。值得注意的是，这里的泛化新猜测出口令对应的点的能力是通过口令局部性而不是通过神经网络本身来实现的。这里的直觉是，当改变 $p(z)$ 来为一个特定的猜测口令分配更多的概率时，其相邻口令由于弱局部性和它具有相似的特征，因此概率也在随之增加。这就又在采样分布上突出了被猜中口令的一般性特征（譬如结构、长度、字符集等）。

因此，通过控制潜空间分布 $p(z)$，就可以增加来自目标分布的口令可能覆盖的区域的概率。这就是 DPG 的精髓所在。在口令均匀分布且目标分布与生成器建模分布相似的情况下（譬如 myspace），DPG 可以将探索空间集中在密集区域周围，从而避免探索整个潜空间。此外，对于从远离生成器建模分布的分布中采样的口令集，DPG 可以将重点放在潜空间的区域上，否则，这些区域将不会得到很好的探索。在这两种情况下，DPG 都可以减少协变量偏移，提高口令猜测攻击的性能。

从广义上讲，DPG 可以潜在地适应非常特殊的口令分布。这种分布来自于没有收集到合适的训练集的情况。譬如，在不匹配的组合策略或罕见的未观察到的用户习惯下创建的口令。只要生成器具有生成这种罕见口令的非零概率，那么从正确猜测中给出的反馈就可以一致地用于重新加权潜空间分布和模拟未知目标口令的分布。

算法 5 简要展示了 DPG 的步骤。在算法 5 中，集合 O 表示目标口令集，Z 表示所有被生成器猜中的口令的集合，而输入参数 α 表示的则是动态猜测攻击的启动参数。步骤 1 初始化了用来计数成功破解口令数量的变量 i。步骤 2 中的变量 p_{latent} 表示的是采样潜空间中的点所依据的潜空间分布。步骤 3 初始化了成功猜测出口令所对应的潜空间的点的集合，初始值是空值。步骤 4～5 表示的是对根据 p_{latent} 采样得到的每个潜空间的点 z，利用生成器得到潜空间的点 z 所对应的明文口令 x。步骤 6～8 用来判断得到的口令 x 是否是目标集中的口令，如果是的话，成功破解出口令数量的计数变量 i 加 1，并更新成功破解出口令对应的潜空间点的集合。步骤 9～10 用到了前面提到的启动参数 α，当成功破解出的口令数量的计数超过预设启动参数 α 的值时，算法就会对开始采样以来的潜空间分布 p_{latent} 进行动态的调整。这里调整用到的方法是 makeLatentDistribution()，它返回的是第 i 步下，成功猜测出的口令对应的潜空间点集合为 Z_i 时，推导出的潜空间分布。把基于 Z_i 推导得到的潜空间分布表示为 $p(z \mid Z_i)$，这样就能得到生成器表示的最终的口令分布如式(2.24)所示：

$$p(x) = p(x \mid z; \theta) p(z \mid Z_i) \qquad (2.24)$$

作为前面提到的 CPG 的自然拓展，研究人员选择把 $p(z \mid Z_i)$ 表示为各向同性高斯分布的有限混合。值得一提的是，这种混合由 n 个高斯分布组成，n 表示的是 Z_i 中潜空间点的数量，并且对于 Z_i 中的每个潜空间点 z_j 而言，一个以 z_j 为中心、标准差为固定值 σ 的高斯分布可以表示为 $N(z_j, \sigma I)$。

算法 5　动态口令猜测算法(DPG)

Require：集合 O，输入参数 α

1　　$i = 0$

2　　$p_{latent} = \dot{p}(x)$

3　　$Z = \{\}$

4　　**FOR each** $z \sim p_{latent}$ **DO**

5　　　　$x = G(z)$

6　　　　**IF** $x \in O$ **THEN**

7　　　　　　$i++$

```
8           Z_i = Z = Z ∪ {z}
9           IF i ≥ α THEN
10              p_latent = makeLatentDistribution(Z_i)
11          END IF
12      END IF
13  END FOR
```

当一枚口令[如 $x_j = G(z_j)$]的概率是已知的，那么第 j 个高斯分布（即以 z_j 为中心的高斯分布）会被赋予 $P(x_j)$ 的权重；如果概率未知，则假设不同的高斯分布之间是均匀分布的状态。在实验中，研究人员通常使用的是平均权重。式（2.25）定义了潜空间的概率密度函数：

$$p(z \mid Z_i) = \sum_{j=0}^{n} P(G(z_j)) \cdot N(z \mid z_j, \sigma I) \qquad (2.25)$$

每个新猜测中的口令 x_i 会为高斯分布的混合引入一个新的以 z_i 为中心的高斯分布，因此每个新猜测中的口令会通过移动自身所在的潜在空间的分布密度来改变潜空间的分布 $p(z \mid Z_i)$。图 2.7 展示了这样的变化过程，随着猜测数的增长，表示采样所用的潜空间的浅色区域随着深色点逐渐发生偏移，并逐渐接近实际目标口令集的真实分布。这样的变化可以使得基于潜空间分布的采样越来越集中于实际目标口令集的分布周围，从而能够提高采样的命中率，即提高口令猜测攻击的命中率。值得一提的是，这样的提升在训练集分布和目标集分布差异大时更为显著。因为当两者差异很大时，基于训练集训练得到的潜空间分布，将会严重偏移目标口令集的真实分布，从而导致采样的命中率很低，这时动态调整潜空间分布就可以让采样的命中率显著提高。

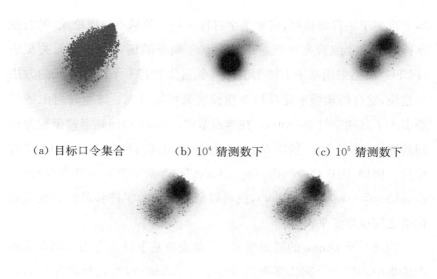

(a) 目标口令集合　　　(b) 10^4 猜测数下　　　(c) 10^5 猜测数下

(d) 10^6 猜测数下　　　(e) 10^7 猜测数下

注：子图（a）展示的是口令数据集 hotmail 在潜空间中的真实分布，而子图（b）～（e）展示的则是 DPG 猜测在不同猜测阶段的情况，其中深色点表示的是成功猜测出的口令，浅色区域表示的则是采样所使用的潜空间分布。

图 2.7　潜空间分布移动的二维展示

前面提到 DPG 有一个启动参数 α，它是一个预设好的值，意味着当成功猜测中的口令数量达到 α 时，将开始使用条件潜空间分布 $p(z|Z_i)$ 去调整生成器表示的口令分布。这么做的原因是，如果从第一个成功猜测中的口令就开始使用 DPG，那么潜空间分布会被限制到潜空间中的一小块区域。但是，在成功猜测中足够多数量的口令（即在潜空间中找到了一组不相关的潜在点）之后再开始实施动态口令猜测，就可能匹配到一组异构的口令，从而正确定位到潜空间中可能存在的目标口令的密集区域。

2.2.7　基于 chunk 的用户口令表达与利用

前述基于字符串的马尔可夫模型和基于神经网络的 FLA 模型基

本上都属于字符级模型，将单个字符作为口令的基本组成单元，然而按字符划分口令细粒度可能过细。而基于模板的概率上下文无关文法（PCFG）模型采用基于字符类型将口令划分为若干个组成单元的方法来建模，这样的模板来建模口令粗粒度又可能过粗。这里针对上述问题引入了高频字符串（chunk，在本章节中，chunk和高频字符串视为相同的描述）的概念，高频字符串是一组频繁出现的构成口令的相关字符序列。例如，用户口令"p@ssw0rd4ever"包含两个高频字符串（即两个chunk：p@ssw0rd和4ever），使得口令在过细的字符和过粗的模板的粒度之间取得了平衡。

构建基于chunk的猜测模型[11]，首先要基于口令专用分词方法将训练集中的口令分割成多种高频字符串（chunk），然后利用分词后的高频字符串构建基于高频字符串的马尔可夫模型（chunk_level Markov，简称"CKL_Markov"）、PCFG模型（chunk_level PCFG，简称"CKL_PCFG"）和FLA模型（chunk_level FLA，简称"CKL_FLA"）。接下来介绍这一关键步骤。这里采用字节对编码（byte pair encoder，简称"BPE"）方法将口令分成更小的组成单元（即chunk的组成方式）。如图2.8所示，其工作流程如下。

（1）口令数据预处理。预处理包括口令在字符级上的分解并且统计口令出现频率。例如，口令"p@ssw0rd123"在数据集中出现四次，将其预处理标记为"p @ s s w 0 r d 1 2 3:4"。

（2）合并操作。迭代合并出现频率最高的字符对：把出现频率最高的两个字符合并为一个新的字符，新字符将按照单个字符对待。例如，在图2.8中：第一次迭代，字符对"w 0"出现频率最高（7次），被合并为"w0"；第二次迭代，按照同样的方法，字符对"w0 r"出现频率最高（7次），被合并为"w0r"；以此类推。

（3）生成分词词典。重复流程（2），直到合并生成的词典中的平均长度大于等于4.5，或所有字符对都有相同的频率。由此，即得到一个口令分词词典,其中既包含口令子串,也包含字符。

（4）分解口令。根据生成的口令分词词典对用户口令进行分词。如,根据图 2.8 的分词词典,用户口令"p@ssw0rd4ever"将分解为"p@ssw0rd"和"4ever"。

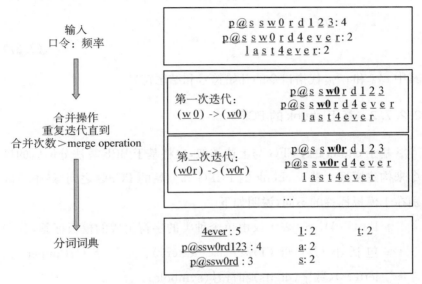

图 2.8　将口令分成 chunk 的流程图

2.2.7.1　基于 chunk 的马尔可夫模型

基于 chunk 的马尔可夫模型将基于 BPE 算法分词后的口令计算 chunk 转移概率构建模型,主要的区别是传统的马尔可夫模型是计算每种字符之间的转移概率,而基于 chunk 的马尔可夫模型计算的是被分词为 chunk 之间的转移概率,那么 n 阶马尔可夫模型的转移概率由式(2.26)计算:

$$P(ck_1 \dots ck_l) = \prod_{i=1}^{l+1} P(ck_i \mid ck_{i-n+1} \dots ck_{i-1}) \tag{2.26}$$

其中 ck 代指 chunk,当 $i < 1$ 或 $i > l + 1$ 时指代口令的开始和结尾符号。例如，当口令"p@ssw0rd4ever"被分解为"p @ s sw 0 r d 4 ever"时，以一阶 Markov 为例，那么其中概率计算为：

$$P(p@ssw0rd4ever)$$
$$= P(p \mid ck_0) * P(@ \mid p) * \ldots * p(4 \mid d) * p(ever \mid 4)$$
$$* p(ck_{10} \mid ever)$$

$$(2.27)$$

其中 ck_0 和 ck_{10} 代指口令的开始符号和结尾符号。

2.2.7.2 基于 chunk 的 PCFG

基于 chunk 的 PCFG 与上述类似，也将基于 BPE 算法分词后的口令来构建模板。基于 chunk 的 PCFG 和原始的 PCFG 之间，最本质区别在于模板标签的不同，说明如下。

- L、U、D、S：表示仅由单个种类的字符组成的模板标签，分别包括小写字母（lowercase letters）、大写字母（uppercase letters）、数字（digits）和符号（symbols）。
- DM：表示由刚好两种字符组成的模板标签，称作二混合类别（double mixed type）（如 4ever）。
- TM：表示由三种字符组成的模板标签，称作三混合类别（three mixed type）（如 p@ssw0rd）。
- FM：表示由四种字符组成的模板标签，称作四混合类别（four mixed type）（如 P@$$ w0RD）。

例如，口令"p@ssw0rd4ever"被分解为"p@ssw0rd"和"4ever"，模板为 $TM_8 DM_5$，基于高频字符串的 PCFG 将其概率计算如下：

$$P(p@ssw0rd4ever)$$
$$= P(TM_8 DM_5) \times P(p@ssw0rd \mid TM_8) \times P(4ever \mid DM_5)$$

$$(2.28)$$

2.2.7.3　基于 chunk 的 FLA

类似地,基于 chunk 的 FLA 和传统的 FLA 的主要区别是前者将分词后的口令作为训练集来训练神经网络模型,基于前面的 chunks 的集合和神经网络的函数预测接下来的 chunks。首先将 chunks 经过 embedding 的编码层后输入 LSTM 的神经网络中,接着通过隐藏层和前置反馈层预测接下来 chunks 的概率分布。例如,口令"p @ ssw0rd4ever"被分解为"p @ s sw 0 r d 4 ever",神经网络基于"p @ s sw 0 r d 4"预测了接下来的概率分布为"love:0.001,mail:0.001,…,ever:0.9,END:0.001",于是选择概率最高的 chunk 为"ever"。

总体来说,基于 chunk 的猜测模型更能捕捉用户口令的特征,比如 PCFG 模型从训练集学习新模板(如 TM_8DM_5)的概率与原始 PCFG 中复杂的模板 $L_1S_1L_3D_1L_2D_1L_4$ 相比,像 TM_8DM_5 这样的表示可能更适合描述"p@ssw0rd4ever"的组成。

2.2.8　混合式口令猜测方法

Shi 等人[40]的研究表明,现有的口令猜测方法各有各的优势。为此,研究人员研究了在一个猜测任务中利用各自的优势的方法,称为"混合式口令猜测方法"。[41] 2015 年,Ur 等人[42]提出使用每枚口令被不同数据驱动方法猜中所需要的最小猜测数作为评估该口令安全性的保守指标(称为"Min$_{auto}$")。这样的保守指标完美地结合了不同方法的猜测优势,可以看作是多方法混合猜测的理想上界。但在实际的猜测场景中,实现 Min$_{auto}$ 的猜测效果需要的猜测数是单一方法的多倍,且不同方法会生成大量重复的猜测口令,严重浪费了计算资源。

　　如图 2.9 所示，为了在实际猜测的场景中减少计算资源的浪费，并在有限的猜测数内最大化地利用不同方法的猜测优势，韩伟力等人[41]提出了一个通用的参数化混合口令猜测的框架，可以混合利用不同数据驱动口令猜测方法的优势以生成更高效的候选口令集。该框架由两部分构成：模型剪枝和最优猜测数分配。模型剪枝可以确保框架中的每个方法仅生成自身擅长猜测的口令，从而尽量避免与其他方法生成重复口令，以提高猜测数的利用率；而最优猜测数分配是为了在总猜测集的数目确定的情况下，通过调整不同猜测方法的可用猜测数（即图 2.9 中的 $k_1 \sim k_n$），使得总候选口令集的猜测效率最优。在猜测实践中，通过量化比较现有数据驱动口令猜测方法在猜测不同类型口令时的破解率，分析得出不同猜测方法的猜测优势，再结合参数化混合口令猜测框架中的模型剪枝和最优猜测数分配，即可实现高效的参数化混合口令猜测。下面将详细介绍参数化混合口令猜测框架的两个主要步骤。

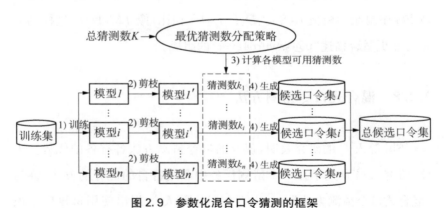

图 2.9　参数化混合口令猜测的框架

　　混合式口令猜测方法的第一个步骤是模型剪枝。数据驱动的口令猜测方法基于训练集训练出的生成模型一般可以看作一棵树，其中每个叶子节点对应的是一枚候选口令，而从根节点到叶子节点的路径则可以看作该候选口令的生成路径。模型生成一枚口令的过程就是从根

节点查找到该口令对应的叶子节点的路径,而这条路径上的中间节点
表示的是组成该口令的字符串片段以及对应的概率。如果某枚口令对
应的生成路径缺失了部分节点,那么模型从根节点将无法找到该口令
对应的叶子节点,因此也不会生成出这枚口令。如图 2.10 所示,将数
据驱动的口令猜测方法抽象成一棵生成树,其中 S_i 表示生成过程中
的一种状态,不同的下标数字表示不同的状态。在数据驱动的口令猜
测方法中,S_i 可以指代用户口令的上下文信息(如马尔可夫模型使用
的上下文字符)、口令的结构或者口令结构的内容实例(如 PCFG 模型
使用的口令结构和结构对应的具体实例)。

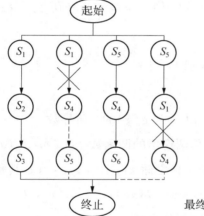

最终输出: $S_1S_2S_3$ 和 $S_5S_4S_6$

图 2.10 数据驱动的口令猜测方法的模型剪枝示例

从起始符开始,生成模型将根据生成过程的上一状态选择下一状
态,直到遇到终止符为止。图 2.10 中删除了从状态 S_1 到状态 S_4 的
转移路径,有两条生成路径将受此影响而无法正常生成候选口令,因此
图 2.10 中的生成方法最终只能生成由状态序列 $S_1S_2S_3$ 和 $S_5S_4S_6$
构成的两枚候选口令。

通过删除一些不必要的生成路径,模型将只保留其擅长的猜测口
令所对应的生成路径,而不同模型所擅长猜测的口令互不相同,这就可

以尽量避免不同模型生成重复的猜测。删除生成路径的做法就是模型剪枝，具体的实现方式是把生成路径中的某个不影响其他路径的节点删除，即将该节点对应的字符串片段和相应的转移概率从模型中移除。

混合式口令猜测方法的第二个步骤是最优猜测数分配。通过建立概率猜测方法猜测口令时破解数与猜测数之间关系的数学模型，文献[41]提出了以下两个引理和一个定理来探寻最优的猜测数分配方案。该方案针对理想攻击场景提出，即训练集与测试集具有相同的分布。

引理 1　给定两个光滑且单调递增的凹函数（concave function）$f(x)$ 和 $g(x)$，对于这两个函数上任意两个横坐标 x_1、x_2，其和为 C（C 是个常数）的点 $(x_1, f(x_1))$、$(x_2, g(x_2))$，存在 x_1^*、x_2^* 满足下列等价命题：

$$f(x_1^*) + g(x_2^*) = max[f(x_1) + g(x_2)] \Leftrightarrow f'(x_1^*) = g'(x_2^*) \tag{2.29}$$

这里 $f'(x)$ 和 $g'(x)$ 分别为 $f(x)$ 和 $g(x)$ 的一阶导数。

定理 1　给定个光滑且单调递增的凹函数 $f_1(x)$，$f_2(x)$，...，$f_n(x)$，对于这个函数上任意个横坐标 x_1，x_2，...，x_n，其和为 C（C 是个常数）的点 $(x_1, f(x_1))$，$(x_2, f(x_2))$，...，$(x_n, f(x_n))$，存在 x_1^*，x_2^*，...，x_n^* 满足下列等价命题：

$$\sum_{n=1}^{n} f_i(x_i^*) = max \sum_{n=1}^{n} f_i(x_i^*) \Leftrightarrow f'_1(x_1^*) = f'_2(x_2^*) = ... = f'_n(x_n^*) \tag{2.30}$$

这里 $n \geqslant 2$ 且 n 为整数。

引理 2　对于两个符合 Zipf 定律[13]并且有着相同 α 值的猜测方法（即 $\lg y_1 = \lg C_1 - \alpha \times \lg x_1$ 和 $\lg y_2 = \lg C_2 - \alpha \times \lg x_2$），对 $\forall y_1 = y_2$，$\exists x_1/x_2 \approx \sqrt[a]{test_1/test_2} = \sqrt[a]{train_1/train_2}$。其中，$test_1$ 和 $test_2$ 表示测试集中这两个猜测方法分别针对破解的类别的口令数量，而

$train_1$ 和 $train_2$ 表示训练集中和这两个猜测方法针对破解的类别相同的口令数量。

随着猜测数的增长,一个概率猜测方法破解出的口令数也会增长,也就是说它的"破解数-猜测数"曲线是一条单调递增的曲线(曲线上的点的横坐标表示使用的猜测数,纵坐标表示破解口令数)。由于概率猜测方法会优先猜测概率更高的口令,而更高的概率往往意味着猜测方法认为该口令在测试集中出现的频率也更高。这带来的结果就是小猜测数下单次命中能破解的口令数要多于大猜测数下单次命中能破解的口令数。换句话说,单位猜测数里被猜中的口令数会随着猜测数的增长而减小,即"破解数-猜测数"曲线的一阶导数逐渐变小,最后趋近于 0。因此,一个概率猜测方法的"破解数-猜测数"曲线可以看作一个单调递增的凹函数(凹函数的二阶导数小于 0,即一阶导数单调递减)。

基于上述数学模型,最优的猜测数分配策略的目标是在不同概率方法的"破解数-猜测数"曲线上分别寻找 1 个点,使得所有点的横坐标的和为定值时,纵坐标的和是所有组合情况中的最大值,此时每个概率方法曲线上的点对应的横坐标就是被分配的可用猜测数。引理 1 证明了上述目标在概率方法仅有 2 个时的等价条件。定理 1 则是将等价条件泛化拓展到 n 个方法的情况。

由引理 1 和定理 1 可知,最优猜测数分配策略应当找到不同概率方法的"破解数-猜测数"曲线上一阶导数相等的点,即单位猜测数内破解口令数相等的点。文献[13]表明口令数据集的分布符合 Zipf 定律,即将口令按照在数据集中出现的频率降序排序之后,口令出现频率的对数值和口令排名的对数值满足式(2.31)。基于该定律,对于理想的猜测方法(每次猜测能破解出剩余口令中概率最高的口令)而言,其每次猜测破解的口令数目的对数值[即式(2.31)中的 $\lg y$]和已经使用的猜测数的对数值[即式(2.31 中的 $\lg x$]满足下列式子:

$$\lg y = \lg C - \alpha \times \lg x \qquad (2.31)$$

尽管实际的概率猜测方法不能保证每次猜测都能够破解出一枚口令，但在总体趋势上满足了优先猜测概率更高（出现频率也更高）的口令，因此可以假设概率猜测方法在单位猜测数内所能破解的口令数目的对数值和已经使用的猜测数的对数值也满足式（2.31）。此外，同一数据集内不同猜测方法的 α 值会在该数据集 Zipf 分布的 α 值周围扰动，因此可以看作近似相同。文献[41]也在应用实践中通过实验验证了该假设的相关性质。基于上述假设，引理 2 证明了不同猜测方法曲线上一阶导数相等的点的横坐标与数据集中口令分布的等价关系。

综合上述引理可知，当不同猜测方法使用的猜测数和各自的目标口令数量的比值正相关（即 $x_1 : x_2 : \ldots : x_n = \sqrt[\alpha]{test_1 : test_2 : \ldots : test_n}$，其中 x_1，x_2，$\ldots$，x_n 表示不同方法各自使用的猜测数，α 是公式 2.30 中的系数）时，框架可以达到总猜测效率的近似最优值。

2.3 实际的用户口令猜测系统

2.3.1 基于 GPU 的 hashcat 系统

hashcat 是一个规则驱动的破解系统，支持多种散列算法。hashcat 可以将候选口令转换为对应的加密密文，通过与获取到的用户口令密文比较，如果匹配成功，就得到了与用户口令加密密文对应的明文口令，从而完成口令破解。hashcat 开源且免费，其代码与二进制可执行程序均可免费获得。截至 2022 年 3 月，其版本已更新到 6.2.5，该版本的 hashcat 合并了 hashcat-legacy（基于 CPU）和 oclHashcat（基于 GPU)。

在 GPU 的加速支持下,hashcat 的运行速度甚至可以达到每秒 100 亿次散列运算。[42] 当然,这并不意味着文本口令可以被轻易破解。假设有一条长度为 8,由大写字母、小写字母、数字和特殊符号(共计 94 个字符)组成的口令,这枚口令将会有 $94^8 = 6.10 \times 10^{15}$ 种可能的组合方式,即使只对明文口令做一次散列运算,也需要 $94^8 \div 10^{10} = 6.10 \times 10^5$ 秒,也就是 7 天左右才能完成破解。而 bcrypt 等散列函数为了帮助抵御离线猜测攻击,往往对口令进行多次散列运算。

2.3.1.1　hashcat 破解模式

前面展示的破解过程也称暴力破解攻击(brute-force attack),是一种较为低效的口令破解方法。除暴力破解之外,hashcat 还实现了四种基本攻击模式:掩码攻击(mask attack)、字典攻击(dictionary attack)、组合攻击(combinator attack)和混合攻击(hybrid attack)。

(1) **掩码攻击**。掩码攻击与暴力破解相似,只是在执行破解时需要用户指定掩码(mask)。一个掩码是由若干个占位符组成的一串字符。这些占位符如表 2.13 所示。因此掩码**?l?l?l?l** 表示所有的长度为 4 的、由小写字母组成的字符串,hashcat 会据此生成所有符合这个条件的口令。表示关键字**?**本身时,需要使用**??**来转义。其他占位符在不被**?**修饰时表示字符本身,不需要转义。譬如,掩码**?labc123** 表示所有第一位是小写字母、后六位是"abc123"的长度为 7 的口令。

表 2.13　hashcat 掩码攻击内置占位符表

占位符	含　义
?	关键字,用于修饰其他占位符
l	小写英文字母,{a, b, c, . . . , x, y, z}
u	大写英文字母,{A, B, C, . . . , X, Y, Z}

续　表

占位符	含　义
d	数字，{0, 1, 2, 3, 4, 5, 6, 7, 8, 9}
h	十六进制小写表示，{0, 1, 2, ..., d, e, f}
H	十六进制大写表示，{0, 1, 2, ..., D, E, F}
s	特殊符号，{!"#$%&'()*+,-./:;<=>?@□^_'{|}~}
a	?l?u?d?s，表示小写或大写英文字母，或数字，或特殊符号
b	ASCII 码字符，{0x00, 0x01, ..., 0xff}

　　除内置字符集以外，使用者还可以自己使用**--custom-charsetN** 来指定至多四个字符集合。其中，**--custom-charsetN** 可以缩写为**-N**，如**--custom-charset1** 可以缩写为**-1**。使用**-N** 指定的字符集合在掩码中以占位符**?N** 的形式指定。以下面指定的四个字符集合为例，**--custom-charset1=aeiou?1?1?1** 的含义便是指定 hashcat 生成所有长度为 3、由字母{a, e, i, o, u}组成的口令。

```
--custom-charset1 = aeiou

--custom-charset2 = 13579

--custom-charset3 = 24680

--custom-charset4 = !@#
```

　　-N 参数除了指定特定字符串作为字符集外，还可以指定一个以 **.hcchr** 为后缀的文件作为字符集合。hashcat 默认提供了一些 **.hcchr** 后缀的文件，存放在 **charsets** 目录下。

　　使用掩码攻击的好处在于可以减少生成目标口令所需的搜索空间，即需要穷举的口令条数。如果已知一枚口令由七个字符组成，其中第一位是大写字母，第二到五位是数字，最后两位是小写字母，那么口令的搜索空间从暴力破解的 $62^7 = 3.5 \times 10^{12}$（26 个大写字母，26 个小写字母和 10 个数字,总计 62 种字符)下降到 $26^1 \times 10^4 \times 26^2 = 1.8 \times 10^8$,总共下降了四个数量级。

当不知道用户口令的分布时,执行掩码攻击有两种方法。一种是使用 **.hcmask** 文件并在文件中指定更多的掩码规则,另一种方法是添加参数 **−increment**。添加 **−increment** 参数后,hashcat 可以根据占位符尝试更多长度的口令,如根据 *abc* 尝试 *ab*、*a*。

(2)**字典攻击**。字典攻击遍历一个字典来尝试破解用户口令。字典中的条目(entry)可以是泄露的真实口令,也可以是中文拼音或者英文单词。字典攻击利用了用户在不同网站重用口令,以及不同用户会选择同样的口令这些用户习惯。[1,2]但是由于泄露的真实口令数量有限,而且用户在不同网站使用相似但不完全相同的口令(如 CSDN 网站用户使用口令"csdn123456",而 Rockyou 网站则使用"rockyou123456",两枚口令相似但不同),字典攻击难以针对这些情况实施有效攻击。

(3)**组合攻击**。组合攻击一般使用两个字典来进行攻击:取字典 A 中的条目 a 和字典 B 中的条目 b 组成新的条目 ab 或者 ba(具体的组合方式可以在实施攻击时进行配置),然后将新的条目作为候选口令去和目标集进行匹配。组合攻击相当于对字典中的条目增加了一些新的组合或变形,可以一定程度上增强对部分重用的用户口令的破解能力。

(4)**混合攻击**。混合攻击结合了掩码攻击与字典攻击的攻击方式。譬如,字典中有条目{password, hello},指定掩码**?d**,那么混合攻击利用该字典和掩码将会生成{password0, password1, …, hello9}这些候选口令。类似地,使用者也可以通过修改掩码的配置来生成{0password, 1password, …, 9hello}这些候选口令。

2.3.1.2 基于规则的攻击

在 hashcat 中，除了前述几种基本攻击模式外，最为主要的攻击方式则为基于规则的攻击(rule-based attack)。在实践中，研究人员或者攻击者在使用 hashcat 猜测用户口令时主要运用基于规则的攻击方法，因为它易扩展且功能强大。基于规则的攻击可以看作是对字典攻击的优化，并且前面介绍的混合攻击和组合攻击都可以通过基于规则的攻击来实现。基于规则的攻击由两部分组成，字典(wordlist)和规则集(rule set)。与字典攻击一样，基于规则的攻击也使用字典来破解口令。不同之处在于，基于规则的攻击使用规则集对字典的条目进行变形从而生成新的条目，形成新的候选口令。

基于规则的攻击与正则表达式相似，但不完全相同[①]。正则表达式的目的在于匹配，而基于规则的攻击首先需要匹配，并根据匹配的结果对字典条目进行变形。虽然 Java、Python 等编程语言支持正则表达式，且可以使用正则表达式对字符串进行修改，但在生成百亿(10^{10})、万亿(10^{12})量级的候选口令时，它们的运行速度还是太慢了点。hashcat 对基于规则的攻击方法进行了大量的优化设计。

接下来将从字典攻击开始，介绍基于规则的攻击的原理与优势。

首先要介绍的是数据集。2013 年，战地英雄(Battlefield Heroes)网站被攻击者攻破并获得其数据库的访问权，泄露了包括用户名、用户口令的密文等大量数据。战地英雄网站泄露的口令密文可以在互联网上公开获取[②]。这些密文可以作为待破解的口令集合，具体来说是将它们存储在 bfield.hashes 文件中。表 2.14 展示了 10 条 bfield.hashes 文件中的密文和相应的明文口令。注意，bfield.hashes 中存储

[①] 参见 https://hashcat.net/wiki/doku.php?id = rule _ based _ attack ♯why _ not _ stick _ to_regular_expressions。

[②] 参见 http://www.adeptus-mechanicus.com/codex/hashpass/hashpass.php。

的只有口令密文,表中的明文口令是破解后得到的。由于 bfield.hashes 中的口令密文使用的是 MD5 散列算法,该算法运算时占用的时间和内存资源较小,这些口令密文易于被破解。破解使用的口令字典为 phpbb. txt,它是一个明文口令数据集,包含许多常见口令,可从互联网上公开获取。

表 2.14 战地英雄网站泄露的口令散列值

MD5 值	明文
cbae07efa0c6ed330a283e80a9c02e8d	austria12
252b4927a2811f5bd1c38b2e270cc95c	monkey20
7230a073e5a694275e7906a470d5bba2	fairuza
e34f2d044c7fc5414ab8fd337bae66e2	aaaaaaaq
2562047199bab3e82000e69e6b9a3068	dice2008
33247d3fb6efcf8cc3c906236bb15db2	seagull44
275334c41e8d33a28d90c83e05037f3b	axion6
1ee8c585b91199f3e7fd8f5f367d7616	356txb
bc301c10d72042cdb834c8dc55cf25eb	wgtwgt
c796ead52b96c70a0d56da8fbe4cd19b	w8qqx8

其次要介绍的是实验环境。此处的字典攻击实验是在一台 64 位架构 Ubuntu 18.04 LTS 操作系统、96 GB 内存、2 块 NVIDIA TITAN Xp GPU、4 TB 存储的服务器上进行的。

口令破解的目标是找出一个明文口令(称为 P),通过散列函数(称为 H)对 P 进行转换,得到加密后的密文 $H(P)$。如果 $H(P)$ 与待破解口令集中的某一条加密密文完全相同,那么便可以完成一次成功的破解(或者说命中),对应的明文口令 P 便可以看作用户口令。

首先以 phpbb. txt 作为口令字典,bfield. hashes 作为待破解口令集,使用 hashcat 执行字典攻击,所用命令如下。

```
./hashcat-6.1.1/hashcat.bin -m 0 bfield.hashes phpbb.txt -o
plain_wordlist_results.txt
```

-m 选项告诉 hashcat 使用哪一种散列算法，在这里使用的是 MD5 算法。第一个位置参数（与位置相关的参数）**bfield.hashes** 指明待破解的口令散列值所在的文件，第二个位置参数 **phpbb.txt** 指明要使用的口令字典所在的文件。**-o** 选项告诉 hashcat 将破解结果写到 **plain_wordlist_results.txt** 文件。hashcat 默认会对口令散列值去重，下文中口令破解比例都是基于去重后的待破解口令集计算得到的。

口令字典 phpbb.txt 成功破解了 bfield.hashes 中 22 544（5.32%）枚口令加密密文。以下为 hashcat 运行结束时的输出结果。

```
Session..........:hashcat
Status...........:Exhausted
Hash.Name........:MD5
Hash.Target......:bfield.hashes
Time.Started.....:Mon Sep  7 14:06:25 2020 (2 secs)
Time.Estimated...:Mon Sep  7 14:06:27 2020 (0 secs)
Guess.Base.......:File (phpbb.txt)
Guess.Queue......:1/1 (100.00%)
Speed.#1.........:    99077 H/s (0.40ms) @ Accel:1024
    Loops:1 Thr:64 Vec:1
Speed.#2.........:33330.2 kH/s (0.44ms) @ Accel:1024
    Loops:1 Thr:64 Vec:1
Speed.#*.........:33429.3 kH/s
Recovered .......:22544/423623 (5.32%) Digests
```

```
Remaining........:401079 (94.68%) Digests

Recovered/Time... : CUR: N/A, N/A, N/A AVG: 830726, 49843574,
    1196245710(Min,Hour,Day)

Progress.........:184388/184388 (100.00%)

Rejected.........:0/184388 (0.00%)

Restore.Point....:92194/184388 (50.00%)

Restore.Sub.#1...:Salt:0 Amplifier:0-1 Iteration:0-1

Restore.Sub.#2...:Salt:0 Amplifier:0-1 Iteration:0-1

Candidates.#1....:janini -> !!!

Candidates.#2....:123456 -> janis

Hardware.Mon.#1..:Temp:27c Fan:23% Util:   4% Core:1480
    MHz Mem:5508 MHz Bus:16

Hardware.Mon.#2..:Temp:30c Fan:23% Util:   0% Core:1455
    MHz Mem:5508 MHz Bus:16

Started:Mon Sep  7 14:06:15 2020

Stopped:Mon Sep  7 14:06:28 2020
```

Hash.Name 显示指定的散列函数 MD5,**Hash.Target** 显示指定的待破解口令集 **bfield.hashes**,**Guess.Base** 显示口令字典文件 **phpbb.txt**。hashcat 同时使用了两块 GPU,分别由 **Speed.#1** 和 **Speed.#2** 显示其运行速度,其中 **H/s** 表示每秒钟散列运算的次数。**Recovered** 表示恢复(破解)的口令密文数及其比例。

想要进一步提升破解效率,攻击者可以增加口令字典的大小,并重新运行相同的攻击步骤。但是,可公开获取的真实用户口令数量并不多(相对而言),而且在口令泄露事件后用户通常会修改他们的口令。在实践中,大规模地增加口令字典并不可行。为此,研究人员采用了另一种方法,也就是在攻击过程中引入规则集对口令字典中的口令进行变形来生成更多的口令。相比简单地增加口令字典条目,使用规则集生成新的候选口令的做法有着许多优点。

- 较大的口令字典需要更多的磁盘空间。如果对一个大小为 x MB 的口令字典应用 1 000 条规则,那么生成的候选口令的数量将为 $1 000x$ MB。在使用 1 000 MB 的口令字典、1 000 条规则的情况下,为了表示相同数量的候选口令,那么存放这样一个口令字典大约需要 $1 000 \text{ MB} \times 1 000 \div 1 000 = 1 \text{ TB}$ 的磁盘空间。

- 使用规则集扩充口令字典通常比使用包含所有候选口令的大的口令字典(基于规则的攻击将生成同样的口令)更快。这是因为使用大的口令字典会带来较大的 I/O 开销(读取文件造成性能损失)。如果将大的口令字典拆分成小的口令字典＋规则集,则可以更充分地利用 CPU 与 GPU 的并行处理能力,减少 I/O 开销。

- 口令字典中可能包含许多具有重复前缀(后缀)等的候选口令,这对于**存储空间**是极大的浪费。使用字典树可以减少浪费,但在破解口令时会耗费更多的时间。因此,将重复前缀(后缀)的规则的形式独立于口令字典之外,可以减少口令字典中的冗余,降低口令猜测任务对存储的开销。

下面将介绍如何使用 hashcat 提供的规则集来对 phpbb. txt 这个口令字典进行扩充,从而生成候选口令。

规则集中的每一条规则相当于一系列函数操作,"$1"表示在口令最后添加字符 1,"$sa$@"表示把所有的 a 替换成@。攻击者可以将一个简单的口令字典与规则集进行结合,从而生成更多的变体,最终得到一个新的口令字典。这个过程如图 2.11 所示。

图 2.11 中使用的是包含两枚口令的口令字典 $P = \{$password, asdfghjkl$\}$ 和包含两条规则的规则集 $R = \{$ \$1 \$2 \$3, sa@ $\}$。首先规

图 2.11　hashcat 中规则引擎运行概图

则引擎选取口令字典 P 中的第一枚口令"password",对其分别应用规则集 R 中的每一条规则。在应用规则"$1$2$3"(在口令最后添加字符"123")后,规则引擎生成了新口令"password123";而在应用规则"sa@"(把口令中所有的 a 替换成@)后,规则引擎生成了新口令"p@ssword"。其次规则引擎对口令字典 P 中的口令"asdfghjkl"重复上述步骤。最终,通过利用口令字典 P 和规则集 R,可以得到新的口令字典{password123,p@ssword,asdfghjkl123,@sdfghjkl}。

表 2.15 列出了 hashcat 中所定义的操作,也称为函数[①]。hashcat 的每一条规则便是一系列函数的组合。在这些规则中,有一个最简单也是最特殊的规则,也就是":"。它表示不做任何处理,相当于不利用任何规则的字典攻击。hashcat 提供一些默认规则集,如 best64. rule、rockyou‑30000. rule 等。这些规则集都可以从互联网上公开获取[②]。

表 2.15　hashcat 所定义的函数

功能	定义	例子	输出
无操作	:	:	p@ssW0rd
大写字母变小写	l	l	p@ssw0rd

---

① 参见 https://hashcat.net/wiki/doku.php?id=rule_based_attack#implemented_compatible_functions。

② 参见 https://github.com/hashcat/hashcat/tree/master/rules。

功能	定义	例子	输出
小写字母变大写	u	u	P@SSW0RD
首字母大写	c	c	P@ssW0rd
除首字母外大写	C	C	p@SSW0RD
大小写反转	t	t	P@SSw0RD
第 N 个字符大小写反转	TN	T3	p@sSW0rd
序列从右至左输出	r	r	dr0Wss@p
重复字符串一次	d	d	p@ssW0rdp@ssW0rd
重复字符串 K 次	pK	p2	p@ssW0rdp@ssW0rdp@ssW0rd
使字符串呈镜像对称	f	f	p@ssW0rddr0Wss@p
最左边的字符转移到最右边	{	{	@ssW0rdp
最右边的字符转移到最左边	}	}	dp@ssW0r
添加字符作为后缀	\$X	\$1	p@ssW0rd1
添加字符作为前缀	^X	^1	1p@ssW0rd
去除左边的字符	[	[	@ssW0rd
去除右边的字符	]	]	p@ssW0r
去除第 N 个字符	DN	D3	p@sW0rd
从 N 开始提取 M 个字符	xNM	x04	p@ss
从 N 开始去除 M 个字符	ONM	O12	psW0rd
在位置 N 处添加 X 字符	iNX	i4!	p@ss!W0rd
使用 X 覆盖位置 N 的字符	oNX	o3\$	p@s\$W0rd
截取前 M 个字符	'M	'6	p@ssW0
使用 Y 替代 X	sXY	ss\$	p@\$\$W0rd
去除 X	@X	@s	p@W0rd
重复第 0 个字符 K 次	zK	z2	ppp@ssW0rd
重复最后一个字符 K 次	ZK	Z2	p@ssW0rddd

功能	定义	例子	输出
重复所有字符	q	q	pp@@ssssWW00rrdd
从位置 N 开始提取 M 长度的存入暂存区的字符串,添加到位置 I	XNMI	lMX428	p@ssw0rdw0
将暂存区内的字符串作为后缀	4	uMl4	p@ssw0rdP@SSW0RD
将暂存区内的字符串作为前缀	6	rMr6	dr0Wss@pp@ssW0rd
将当前字符串添加到暂存区	M	lMuX084	P@SSp@ssw0rdW0RD

注:表中字母 N 指代字符在字符串中的位置时从最左边的第 0 个字符开始计数,当 N>9 时,使用 A～Z 来表示 10～35。使用暂存区的功能只在 CPU 版本可用。表中举例时使用的口令为"p@ssW0rd"。

下面展示 hashcat 如何设置命令,从而使用规则集 $R = \{:, \$1\$2\$3, sa@\}$(存储在 **TwoRules.txt** 文件中)和口令字典 phpbb. txt,来对战地英雄网站的泄露口令集 bfield. hashes 进行破解。运行所需的命令如下:

```
./hashcat-6.1.1/hashcat. bin -m 0 bfield. hashes phpbb. txt -o
plain_wordlist_results. txt —rules TwoRules. txt
```

添加规则集 R 后,hashcat 成功破解出 25 332(5.98%)枚口令密文,相比于只使用 phpbb. txt 口令字典多破解出 2 788 枚口令。使用 Debugging 模式运行 hashcat 可以获得更准确的信息。这里可以使用 **--debug-mode=1** 来统计上述两条规则破解的口令条数。Debugging 模式有四种选项,其详细信息见表 2.16。应用 Debugging 模式后的命令如下。

```
./hashcat-6.1.1/hashcat.bin -m 0 bfield.hashes phpbb.txt -o
two_rules_results.txt -r TwoRules.txt —debug-mode 1 —debug-
file WhichRule.txt
```

表 2.16　hashcat 中的 Debugging 模式

模式参数	含　义	输出
1	输出成功破解时用到的规则	sa@
2	输出成功破解时用到的口令字典中的口令	password
3	输出成功破解时用到的口令字典中的口令和规则集中的规则	password:sa@
4	输出成功破解时用到的口令字典中的口令、规则、被破解口令	password:sa@:p@ssword

注：以使用口令字典中的"password"和规则集中的"*sa@*"成功破解出"p@ssword"为例。

如表 2.17 所示，应用规则集 $R=\{:,\ \$1\$2\$3,\ sa@\}$ 后额外成功破解出的 2 788 枚口令中，有 2 755 条是通过给口令字典中的口令添加"123"后缀破解出的，有 33 枚口令是通过把 a 替换成@破解出的。phpbb.txt 本身在不做任何处理的情况下能破解 22 544 枚口令，远超过使用上述两条规则所破解的口令数。

表 2.17　不同规则成功破解出的口令数（自定义规则集）

规则	破解口令数	举例
:	22 544	
$1$2$3	2 755	
sa@	33	p@ssword

但是，使用规则集 R 可以在口令字典有限的情况下成功破解更多口令，而且 hashcat 可以使用更多的规则。best64.rule 是 hashcat 提供

的一个默认规则集,共含有 77 条常用规则。接下来使用 best64.rule 来破解 bfield.hashes。破解时执行的命令如下。

```
./hashcat-6.1.1/hashcat.bin -m 0 bfield.hashes phpbb.txt -o
best64_results.txt -r ./hashcat-6.1.1/rules/best64.rule --
debug-mode 4 --debug-file best64_success.txt
```

best64.rule 成功破解出 72 895 枚口令,远超过不使用规则集、仅使用口令字典时的破解效率。表 2.18 展示了 best64.rule 中部分规则破解出的口令数。这里使用:函数,也就是只使用单纯的口令字典破解出的口令数是 17 301,相比于使用自定义规则集实验中,不使用规则集的攻击,其破解数要少。原因在于,规则集的顺序与规则的多少会影响规则破解口令的数量。譬如,对于口令集 $P = \{\text{password},\ \text{password1}\}$,对待破解口令集 $T = \{\text{password1}\}$ 而言,如果使用规则集 $R = \{:,\ \$1\}$,那么 T 中的口令"password1"将会被 P 中的"password"和 R 中的 $1 破解[①]。因此,由:破解出的口令会减少。

表 2.18 不同规则成功破解出的口令数(*best64.rule* 规则集)

规则	破解口令数	举例	规则	破解口令数	举例
:	17 301		$1	5 584	
r	975	yuoiea	$2	1 663	
u	630	ACCOUNT	$3	908	
T0	2 709	Abc12345	$4	974	
$0	829		$5	977	

---

① 假设 *P*、*R* 都是有序的集合,在 hashcat 执行破解时首先选取两个集合中各自的第一个值。

规则	破解口令数	举例	规则	破解口令数	举例
$6	709		$1 $2 $3	2 611	
$7	962		so0	740	p0werful
$8	713		si1	498	sunl1ght
$9	712		se3	549	kill3r
$1 $2	2 033				

通过上述实验可以认识到口令字典和规则集的重要性。受限于存储容量与读取速度，hashcat 无法得到足够大的口令字典。规则集有助于减小口令字典的规模，减少文件读取，可以做到更快、更多地破解目标口令。

2.3.2　基于 CPU 的 JtR 系统

John the Ripper(简称"JtR")是一个免费、开源的口令破解工具，可以跨 Linux、macOS 平台运行。JtR 在 Windows 和 Android 平台上有社区开发者开发并维护的 Hash Suite 和 Hash Suite Droid。JtR 在各平台上都有付费商用版本，商用版本易于安装和使用，且性能更好，同时开发者会提供相关的技术支持。JtR 的开源版本不提供可执行文件，用户需要根据所运行的操作系统平台自行编译。

JtR 目前有两个主要版本，一个由官方维护，一个由社区维护。社区版 JtR 又称 Jumbo。由于开发者们为 Jumbo 贡献代码相对容易，因此 Jumbo 版本的 JtR 比官方版本 JtR 包含了更多的新特性。但相对地，Jumbo 的新特性可能并不够成熟，甚至隐含许多的程序错误。后文中统一使用 Jumbo 指代 John the Ripper Jumbo 版本，使用 JtR 指代 John the Ripper 官方版本。如图 2.12 所示，两个版本的文件组织结构相同。

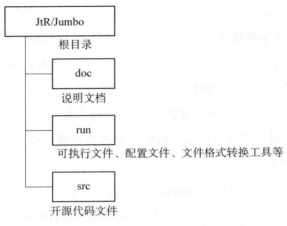

图 2.12　JtR 和 Jumbo 的文件组织结构

JtR 和 Jumbo 提供会话功能(session)。在使用 JtR 开始破解时可以使用参数**--session=NAME** 指定会话名称,这样就可以在破解过程中断时使用参数**--restore=NAME** 来恢复指定会话。

JtR 和 Jumbo 提供了四种破解模式:单一破解模式(single crack mode)、口令字典模式(wordlist mode)、增量模式(incremental mode)、外部模式(external mode)。

(1) **单一破解模式**是针对使用或者包含账号名称的口令的破解模式。如果一个用户的账号名称是"john",那么这个用户口令中可能包含或者就是"john"。除账号名外,单一破解模式还会利用操作系统中的全名、用户主目录的文件夹名等这些名称的变形作为候选口令。单一破解模式只针对破解特定的口令,获取到的账户信息也只用于这些账户对应的口令,因此单一破解模式的运行速度很快。另外,不同的用户可能使用相同的口令,也就是存在口令重用的可能性。因此单一破解模式会保留成功破解的口令,并把这些成功破解的口令作为口令字典,以备下一次口令破解任务。所以,同时使用多个口令密文文件运行单一破解模式有可能比分别使用单个口令密文文件运行这一模式能成功破解更多的口令。

（2）**口令字典模式**是 JtR 中最简单的模式。使用这个模式只需要指定一个口令字典和几个口令密文文件。JtR 会读取口令字典中的候选口令，计算它们的散列值，并与口令密文文件中的散列值进行比较。这与 hashcat 中不使用规则集的口令字典攻击相同。JtR 口令字典模式也支持使用规则来对口令字典中的候选口令进行变形，来生成更多的相似候选口令。

口令字典中的每枚口令都是唯一的，JtR 不对口令字典中的口令进行排序，目的是节省运算资源，同时保证程序运行时按照使用者定义的顺序读取口令字典中的口令（最可能命中的候选口令应该放在口令字典中的第一行）。如果口令字典的排序本身是混乱的，那么将口令字典按字典序排序可以带来更好的性能。

使用者不必关心口令字典中候选口令的长度是否超过用到的散列算法所允许的最大长度。譬如说，传统的基于 DES（data encryption standard）的加密算法 crypt(3) 只针对口令的前 8 个字符进行加密。如果有两枚口令的前 8 个字符相同，那么这两枚口令视作相同。只要口令字典是按字典序排序的，JtR 就可以识别这些"相同"的口令，只计算一次散列值。

在使用 bash 的操作系统中，JtR 给出了排序方法：

```
tr A-Z a-z < SOURCE|sort -u > TARGET
```

（3）**增量模式**是官方版本 JtR 破解能力最强的模式。在默认配置下，增量模式使用所有可打印 ASCII 字符（包括空格字符），并尝试长度从 0 到 13 所有可能长度的口令。但是由于增量模式下候选口令的组合方式过于多，增量模式会假设口令破解过程永远不会终止。如果限制候选口令的长度和允许使用的字符，增量模式可以很快终止。譬如只允许使用字符"abcd"且长度小于 4 时,增量模式最多只会生成 $4^4 = 256$ 枚口令。

(4)**外部模式**允许使用者自定义破解方法。使用者将程序代码交给 JtR,JtR 利用这些代码生成候选口令。程序代码以 C 语言风格书写,在使用时由 JtR 编译。如下所示,程序代码应提供四个函数:**word** 表示候选口令;**init** 函数在 JtR 启动时为 **word** 赋予初始值;**filter** 函数可以筛选重复的 **word**;**generate** 函数生成新的 **word**,或者在生成所有的 **word** 后终止程序;**restore** 函数可以恢复一个中断的 JtR 会话。

```
int word[ ];

void init ();

void filter ();

void generate ();

void restore ();
```

当不特别指定使用哪一种模式时,JtR 首先会尝试单一破解模式,接下去是口令字典模式,最后是增量模式。破解出的口令将被存放在 run 目录下的 john. pot 文件中。john. pot 文件可以直接查看,但想要从中找出口令散列文件中的被破解口令,需要使用**—show** 参数。

除了上述四种破解模式以外,Jumbo 还提供了马尔可夫模式(Markov mode)。JtR 提供的增量模式、Jumbo 提供的马尔可夫模式和前文中的马尔可夫概率猜测模型相似,都是基于假设:马尔可夫链在任意位置 n 的状态的概率分布只能由位置 $n-1$ 的状态决定,与状态序列中其他位置的状态无关。

这里的状态指的其实就是字符。当位置 n 的字符只由位置 $n-1$ 的字符决定时,便称为一阶马尔可夫(order - 1 Markov);如果由位置 $n-1$ 和 $n-2$ 的两个字符决定,便称为二阶马尔可夫(order - 2

Markov)；由此类推，便有 N 阶马尔可夫(order‑N Markov)。概率分布则指的是位置 n 可能有多种选择，譬如字符"d"前面可以是"c"，字符"h"前面也可以是"c"。那么出现字符"c"后的"d"和"h"便存在概率分布。

Jumbo 马尔可夫模式使用的是一阶马尔可夫模型，而 JtR 增量模式使用的则是二阶马尔可夫模型。Weir 对这两种模式进行了测试，发现给定良好的限制后的 Jumbo 马尔可夫模式最终猜测表现优于 JtR 增量模式[①]。这里的限制指的是控制马尔可夫模型生成的候选口令的字符集大小和最大长度。如果没有任何限制的话(即不限制字符集大小与最大长度)，马尔可夫模型将会穷举所有可能的口令。以一阶马尔可夫模型为例，如果任意两个字符 α 和 β 都存在决定关系，也就是 α 后可以是 β，β 后也可以是 α，那么这个模型最终将会持续生成无穷无尽的候选口令，因为对于某一长度的候选口令"Pwd"，总是可以找到字符"Chr"组成新口令"Pwd+Chr"。

2.3.2.1 Jumbo 马尔可夫模式

在 Jumbo 中使用马尔可夫模式有两种方式：一种是使用 **genmkvpwd** 程序生成候选口令；另一种是使用**‑‑markov** 选项对口令密文进行破解。

Jumbo 中口令概率的计算增加了一步转换。Jumbo 马尔可夫模式将浮点数形式的口令概率值转化成整数形式。其转换方式为 $P'(x) = round(-10 \times log(P(x)))$，其中 $P(x)$ 表示口令"x"的概率值，$P'(x)$ 表示转换后的整数形式概率值，或称"层级"(level)。因此对于口令"abcd"概率的计算由

---

① 参见 Matt Weir，"Analysis of 10k Hotmail Passwords Part 5：Markov Model Showdown，" Blog post，https://reusablesec.blogspot.com/2009/11/analysis-of-10k-hotmail-passwords-part.html，2009。

$$P(abcd) = P(a) \times P(b \mid a) \times P(c \mid b) \times P(d \mid c) \quad (2.32)$$

变为

$$P'(abcd) = P'(a) + P'(b \mid a) + P'(c \mid b) + P'(d \mid c)$$

$$(2.33)$$

在使用 Jumbo 马尔可夫模式时,可以通过限制层级的大小来控制生成的候选口令数。

使用 **genmkvpwd** 生成候选口令的命令如下所示。Jumbo 程序包含默认的状态转移文件供马尔可夫模式使用,该文件保存在 run/stats 目录下。用户也可以使用 **calc_stat** 程序根据口令字典生成自定义的状态转移文件。

```
./calc_stat phpbb.txt stat_phpbb && \
./genmkvpwd stat_phpbb 100 9
```

genmkvpwd 的第一个参数 **stat_phpbb** 指定状态转移文件。第二个参数 **100** 指定马尔可夫最大层级(max level),即只允许生成层级小于等于 100 的候选口令。第三个参数 **9** 指定候选口令的最大长度,即只允许生成长度小于等于 9 的口令。

使用 phpbb.txt 作为口令字典统计得到的一阶状态转移文件,在限制最大层级为 100、最大长度为 9 的情况下,可以生成总计 9 127 枚口令。这些口令的长度都是在 1 至 4 之间。放宽最大层级的限制可以生成更多、更长的口令,但相应地,需要的运行时间也会更久。

使用**--markov** 参数与此类似。不同的是,状态转移文件不能在命令行中指定,只能在 run/john.conf 中修改 Statsfile 配置的值。这里配置 Statsfile=/path/to/stat_phpbb。

运行马尔可夫模式破解口令的命令如下。

```
./john --markov = 10-100:0:0:3-9 jtr_bfield.hashes
--format =Raw-MD5
```

其中**--markov = 10-100:0:0:3-9** 的含义为：**10100** 表示允许生成口令的最小层级为 10，最大层级为 100；使用生成的候选口令中从第 0 条（**START =0**）到最后一条（**END =0**）的口令；**39** 表示生成的候选口令最小长度为 3，最大长度为 9。限制层级与长度是为了控制候选口令的数量，设置 **START** 和 **END** 是为了分布式生成候选口令。譬如在三台设备上共计生成 3 000 条候选口令，那么可以在三台设备上分别设置 **--markov = 10-100: 0: 999: 3-9**，**--markov = 10-100: 1000: 1999: 3-9**，**--markov = 10-100:2000: 0: 3-9** 来并行地破解口令。JtR 和 Jumbo 要求按照特定格式存放口令密文。存放口令密文的文件的每一行的格式都应该包含"用户名:口散列值"。这里对 bfield. hashes 进行处理，为其每一行的密文前添加"test:"表示"用户名"均为"test"。处理后的文件命名为 **jtr_bfield.hashes**。最后的**--format = Raw-MD5** 指定使用的散列算法为 MD5。

在运行过程中，Jumbo 马尔可夫模式从概率最高的字符开始（在默认提供的 stats 文件中，以字符 c 开始），然后选择层级最小（概率最大）的一个字符添加到这个字符后面。重复这个步骤，直到达到设置的最大层级（即最小概率）或者最大长度，然后输出组成的字符串作为候选口令。接下来将候选口令的最后一个字符修改成第二小层级的字符并输出修改后的字符串为候选口令，以此类推输出其他候选口令。

如图 2.13 所示，上面描述的口令生成过程其实类似于树的遍历（图中使用模拟数据，非真实数据）。每一个字符相当于图中的一个节点，每一个节点有数目不等的子结点（字符 C 有 A、$、h、1 等子结点），结点到子结点都有层级（如 C→A 的层级为 1，C→$ 的层级为 0），相当于概率分布的可视化。Jumbo 马尔可夫模式根据设置的最大层级(也就是树的一条路径上所有层级的和)和最大长度(路径上的节点数)对树进行遍历。图 2.13 中粗线部分便是层级最小,即概率最大的一条路径,这条路径上的节点构成的字符串也是最先被生成的候选口令。

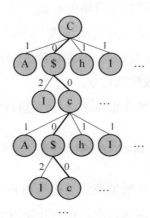

图 2.13　Jumbo 马尔可夫模式生成候选口令

Jumbo 马尔可夫模式的最大层级和最大长度需要仔细挑选,过小的最大层级和最大长度无法生成足够多的候选口令,过大的最大层级和最大长度可能造成内存不足(out of memory)和运行时间过长等问题。譬如图 2.13 中 C→$ 和 $→C 的层级都是 0,如果不限制口令长度,生成的口令可能会无限长。另外,Jumbo 马尔可夫模式生成的候选口令并不是概率降序的,因此过大的最大层级可能会导致 Jumbo 马尔可夫模式变得低效,因为概率低的候选口令可能会先于概率高的被该模式生成并输出。

2.3.2.2　JtR 增量模式

JtR 增量模式类似于暴力破解,但它定义了字符三元组(trigraphs),并统计字符三元组出现的位置和频率来帮助破解。字符三元组表示一个由三个字符组成的字符串,譬如"abc"。增量模式也可以看作使用字符三元组来表示二阶马尔可夫模型，即可以表示已知字符串"ab"的情况下、下一个字符是"c"的概率。"abcdef"将对应以下四个三字符元组："abc""bcd""cde""def"。在计算并保存这样的字符三元组的概率时，由于"abc"是字符串的起始字符，因此需要将它和后面三个字符三元组分开记录。在生成候选口令时，JtR 增量模式会避免生成重复口令，并根据字符位置、口令长度、字符三元组的频率等为候选口令排序，按顺序生成候选口令。

在 JtR 中使用增量模式很简单，只需要运行如下命令：

```
./john --increment jtr_bfield.hashes
```

不加任何限制的 JtR 增量模式会运行很长时间，因为它的搜索空间允许生成所有可能的候选口令。在实际使用中可以通过设置口令长度和允许使用的字符集种类来对搜索空间进行限制，这些参数可以在 run/john.conf 文件中对 Incremental：Your_Mode_Name 进行配置。在命令行中使用时，只需要指定增量模式的配置名称即可。

以下为默认配置中的名为 **ASCII** 与 **LM_ASCII** 的增量模式，其中 **$JOHN** 为 run 文件夹的绝对路径。**[Incremental：ASCII]** 便是增量模式的默认配置。**[Incremental：LM_ASCII]** 需要的字符种类数仅为 69，这是因为 LM(lan manager)散列函数得到的散列值与口令中的字母的大小写无关，因此在考虑字符种类时可以省去 26 个字母字符。

```
[Incremental: ASCII]
File = $JOHN/ascii.chr
MinLen = 0
MaxLen = 13
```

```
CharCount = 95


[Incremental: LM_ASCII]
File = $JOHN/lm_ascii.chr
MinLen = 0
MaxLen = 7
CharCount = 69
```

如果使用 **LM_ASCII** 执行增量模式,可以使用如下命令。

```
./john --increment = LM_ASCII jtr_bfield.hashes
```

2.3.2.3 JtR 和 Jumbo 中的规则集

前文所介绍的 JtR 和 Jumbo 的单一破解模式与口令字典模式可以使用规则集来生成更多的候选口令。JtR 和 Jumbo 中的规则与 hashcat 中的规则相似,都是先定义一系列针对字符或字符串的函数操作,然后将一个或多个函数操作进行组合从而形成规则。

但 JtR 以及 Jumbo 对规则进行了一些优化。

(1)**包含规则**。**.include[section]**语法允许一个规则集包含另一个规则集,这些规则集都需要符合 john.conf 的文件格式。**include** 语法类似于替换。在运行时,**.include[list.rules:another]**将规则替换为 another 规则集中的规则。

(2)**拒绝规则**。Jumbo 会在特定情况下拒绝某些规则。譬如针对大小写不敏感的散列函数,可以拒绝应用大小写转换规则。表 2.19 具体展示了这些拒绝规则。使用这些拒绝规则与使用函数操作相同,即只需要把它们放在一条规则的开始部位。

表 2.19　Jumbo 中定义的拒绝规则

拒绝规则	含　义
—:	不做任何操作，不对规则进行拒绝
—c	拒绝此规则，除非当前散列函数区分大小写
—8	拒绝此规则，除非当前散列函数使用 8 比特字符
—s	拒绝此规则，除非一些口令密文在加载时被切分了
—p	拒绝此规则，除非使用了词组命令
—u	拒绝此规则，除非默认编码是 UTF-8
—U	拒绝此规则，如果默认编码是 UTF-8
—>N	拒绝此规则，除非支持长度 N 或更长的口令
—<N	拒绝此规则，除非支持长度 N 或更短的口令

（3）**字符串命令**。**AN" str"** 表示在位置 N 添加（append）字符串"str"。如果将"str"作为后缀，可以使用 **Az" st"** 函数。如果将"str"作为前缀，可以使用 **A0" str"** 函数。在这里在"str"两侧添加双引号主要是为了规则的可读性，在实际创建规则时可以使用"str"中没有的字符来代替双引号。如果"str"的内容为"h"（双引号也为"str"中的内容），那么可以使用 **Az,"hi",** 来把"hi"用作后缀（这里在"str"两侧使用逗号作为标识）。

（4）**使用任意非空的 8 比特字符**。除空字符（NULL）以外的任意 8 比特字符可以在所有函数操作中使用。JtR 和 Jumbo 都不支持 NULL 字符。使用 8 比特字符的语法为 **\xHH**，其中"HH"表示两个 16 进制字符。譬如 **\x30** 表示数字 0。**\x1b[2J** 表示清空屏幕，使用者可以使用 **Az"\x1b[2J** 来实现此效果。

（5）**字符种类**。与掩码攻击类似，Jumbo 定义了一系列字符种类来简化规则的书写。如表 2.20 所示，**?v** 表示元音字母 aeiouAEIOU。将字母部分转成大写后，可以用于表示它们的补集。譬如，**?c** 表示所有不是元音字母的字符。如果使用"iso-8859-1"等多于 8 比特的字符编码，那么字符类别中会相应地添加高位比特，从而对字符种类进行扩充。因此,在"iso - 8859 - 1"模式中**?l**将包括 àáâãäåæçèéêëìíîïðñòóôõöøùúûüÿþßÿ,而使用默认编码时仅有 a~z。

表 2.20 Jumbo 中定义的字符类别

字符类别	含　义
??	?为关键字,使用??表示?
?v	aeiouAEIOU
?c	除 aeiouAEIOU 外的所有小写英文字母和大写英文字母
?w	空白字符,如空格(Space)、制表符(Tab)
?p	标点符号,包括,. : ; '? ! ' "
?s	特殊符号,包括 $ %&. * ()－_＋=∣\ <>[]{}#@/~
?l	小写英文字母
?u	大写英文字母
?d	阿拉伯数字
?a	英文字母,包括大写与小写
?x	英文字母与阿拉伯数字
?z	所有字符
?b	所有 8 比特字符(b 表示 binary,二进制)
?N	N 可以是 0 至 9 的整数,由用户自定义字符类别的内容

(6)**英语单词**。JtR 定义了将英语单词变成复数表示、变成一般过去式表示和现在进行时表示这三种函数操作,如表 2.21 所示。该操作仅对小写字母构成的英语单词有效。

表 2.21 Jumbo 中定义的英语单词操作

英语单词操作	含　义
p	变复数,如 crack→cracks
P	变一般过去式,如 crack→cracked
I	变现在进行时,如 crack→cracking

（7）**规则预处理**。Jumbo 预处理器能将多行相似的规则合并到一行，为了解决以下问题：如果希望 Jumbo 为每个小写字母字符串的最后添加一位数字，那么使用者可以创建 10 条规则（针对数字 0～9），每条规则使用一位数字作为后缀。如果要添加两位数字，那么使用者将需要创建 100 条规则（针对数字 00～99），配置文件将会冗长且难以阅读。

使用预处理器可以简化操作。规则可以按照正则表达式的语法表达：保留规则中被重用的部分，规则中会变化的部分放入中括号内。譬如，上述为小写字母字符串最后添加一位数字的规则可以写成 `l$[0-9]`，其中：`l` 表示小写字母；`$` 表示在最后添加额外的字符（与 hashcat 中的 `$` 含义相同）；而 `[0-9]` 是一个字符列表，表示额外添加的字符可以是 0 至 9 中的任意一个。这种形式与正则表达式的语法相同。这样，在编写规则时只需要占用一行，但在使用时包含了 10 条规则，同时保证了可读性。中括号中可以出现重复的字符，因为 Jumbo 会跳过已经被使用过的字符。譬如 `[aeioua-z]` 表示先使用元音字母，然后再使用其他字母。在使用 a～z 中的字母时，Jumbo 会跳过已经使用过的元音字母。`\xHH` 语法也可以在预处理阶段使用。当字符列表作为前缀出现时，需要额外添加 `:` 这个命令，也就是无需操作函数。

字符列表中在使用 `[`、`-` 等在预处理阶段具有特殊含义的字符时需要转义操作，也即添加 `\` 作为前缀，即写作 `\[`、`\-`。而使用 `\` 本身时也要进行转义，写作 `\\`。

此外，在一些本不需要转义的字符前添加 `\` 前缀可以改变它们的含义。如表 2.22 所示，`\1` 表示指代第一个使用的字符列表。使用这些具有特殊含义的转义，可以实现替换成对出现的括号（`\p`），以及精简冗长的规则（`\N`）。

表 2.22　Jumbo 中具有特殊含义的转义操作

转义操作	含　　义
\N	指代之前出现过的第 N 个(从左到右)字符列表,N 为 1～9 的整数
\0	指代前一个字符列表
\p	与前面所有出现的字符列表同时处理
\pN	与前面出现的第 N 个(从左到右)字符列表同时处理,N 为 1～9 的整数
\p0	与前一个字符列表同时处理
\r	允许出现重复的字符,在两个或更多字符列表同时处理时有所帮助

2.3.2.4　Jumbo 中的 hashcat 扩展

Jumbo 从 1.9.0-jumbo-1 版本开始增加了新的规则与函数操作,Jumbo 可以完全按照 hashcat 的规则处理逻辑来处理 hashcat 定义的规则(基于 CPU 的)。

针对 hashcat 规则的处理逻辑,Jumbo 在 john.conf 配置文件中新添加了两个选项。如下面所示,使用 !! hashcat logic ON 可以兼容 hashcat 的 best64 规则,而在处理完成 hashcat 定义的规则后,可以再使用 !! hashcat logic OFF 关闭兼容模式。

```
[List.Rules: best64]
!! hashcat logic ON
.include <rules/best64.rule>
!! hashcat logic OFF
```

!! hashcat logic ON 和 !! hashcat logic OFF 并不是必须在 .include 语句前后使用的。但是,在使用 !! hashcat logic ON 时要注

意只能在使用 hashcat 规则前开启兼容模式，在使用完 hashcat 规则后关闭兼容模式，以避免 Jumbo 加载配置文件 john. conf 时失败。

Jumbo 在兼容 hashcat 逻辑时会取消规则预处理阶段，因此原本需要在预处理阶段转义的字符不必添加"\"进行转义。

2.3.3 基于专用硬件的猜测系统

除了在算法层面对口令猜测方法进行不断改进和优化以外，随着硬件的全面发展，小到专用集成电路的设计，大到超级计算机的提出，都为基于专用硬件的口令猜测系统提供了实现的可能。

超级计算机(super computer)是指能够处理一般个人电脑无法处理的大量数据、执行高速运算的计算机设备。超级计算机旨在将大量的处理器集中在一起用来处理大数量级的数据。就内部组成而言，超级计算机和常规计算机的构成组件大同小异，主要区别在于它们的规模和性能方面。超级计算机的规模要比常规计算机大许多，相应地，其运算速度也要比常规计算机快出许多。正因为超级计算机拥有极大的数据存储容量和极快的数据处理速度，所以它可以在多个领域从事一些常规计算机难以胜任的工作。[43]

1976 年，美国克雷公司推出了世界上首台运算速度达到每秒 2.5 亿次的超级计算机。2009 年 9 月，我国国防科技大学计算机学院成功研制出中国首台千兆次超级计算机——"天河一号"，并于 2010 年 8 月在国家超级计算天津中心完成二期升级。2010 年 11 月 14 日，国际 TOP500 组织在网站上公布了全球超级计算机前 500 强排行榜，"天河一号"排名全球第一。随后，我国又陆续研制出"天河二号"和"神威·太湖之光"超级计算机(见图 2.14)，其中"天河二号"超级计算机的运算速度从"天河一号"的 4.7 千兆次提升到了 5.49 京次，由千兆次级(10^{15})提升到了京次级(10^{16})，而"神威·太湖之光"超级计算机相较于

"天河二号",不仅速度快出近两倍,效率也提高了三倍。

（a）天河二号　　　　　　　　（b）神威·太湖之光

图 2.14　国产超级计算机

鉴于超级计算机的性能优势,许多应用可以在超级计算机上进行实现和优化从而提高应用的性能,其中就包括口令恢复算法。任必晋[44]基于对 PDF、WinZip、NTLM 三种口令恢复算法的深入分析,提出了在"神威·太湖之光"超级计算机上实现的口令恢复框架,设计并优化了这三种口令恢复算法在"神威·太湖之光"超级计算机上的并行算法框架。测试实验的结果表明,在"神威·太湖之光"超级计算机上实现的三种口令恢复优化算法,分别可以获得数十倍到数千倍不等的加速比。并且,并行口令恢复算法实验核组数与程序每秒处理口令数成比例递增,其加速比呈线性,这体现了不同口令恢复算法在"神威·太湖之光"超级计算机上的良好适应性和扩展性。

除了利用超级计算机的高性能来实现和优化口令猜测系统外,特殊芯片的发展也为口令猜测系统的性能优化提供了新的方向,其中的典型代表就是 ASIC(application specific integrated circuit)和 FPGA(field programmable gate array)。

ASIC 即专用集成电路,是指应特定用户要求和特定电子系统需要而设计、制造的集成电路。ASIC 由 IC 设计人员根据特定的电路需求,设计专用的逻辑电路,在设计完成后生成设计网表,最后将设计网表交给芯片制造厂家流片。在流片之后,芯片的内部逻辑电路就固定了，芯片的功能也就随之固定了。因此，ASIC 更适合用于设计规模大、复杂度比较高的芯片，或者是成熟度高、产量比较大的产品。由于是面向特定用户的需求，因此 ASIC 在批量生产时与通用集成电路相比具有体积更小、功耗更低、可靠性更高、性能更高、保密性更强、成本更低等优点。

尽管 ASIC 具有高性能、低功耗等优势，但它当中包含的任何算法——除了那些在软件内部处理器内核执行的——其余都是不可更改的。FPGA 则可以解决这一不可更改问题。早期的 FPGA 器件的架构相对简单，只是一系列通过可编程互连的可编程模块。它是在PAL、GAL、CPLD 等可编程器件的基础上进一步发展的产物，是ASIC 领域中的一种半定制电路。它的出现既解决了定制电路的不足，又克服了原有可编程器件门电路数有限的缺点。FPGA 本身就是一个芯片，可以通过编程的方式修改内部逻辑连接和可编程架构的配置来实现任意用户需要的计算功能组合。另外，用户可以基于 FPGA运行大规模并行的算法，这意味着可以高效地执行大数据处理任务。

总的来说，FPGA 主要用于要求快速迭代或者小批量的产品，或者作为 ASIC 的算法验证，而 ASIC 则用于设计规模大、复杂度比较高的芯片，或者是成熟度高、产量比较大的产品。小批量生产时，单片FPGA 成本低于 ASIC，而随着产品量的增加，单片 ASIC 成本逐步降低。因此，研究人员也根据不同场景的需要，利用 ASIC 和 FPGA 来提高口令猜测的效率。

鉴于现有口令猜测工具效率低下的问题，张冬芳等人[45]考虑利用高性能、大规模的异构计算资源共同完成计算问题。他们以 GPU 和ASIC 为基础，利用 GPU 的高灵活性，结合 ASIC 的高性能，通过异构计算集群调度技术，构建出高效的口令破解在线服务系统。其中，ASIC 芯片操作系统的主要功能包括任务管理、时间管理、信号量、消息队列、内存管理、记录功能、软件定时器等。相应地，冯峰等人[46]则是利用多核 FPGA 对 HMAC－SHA1 进行高效的口令恢复处理。通过对 HMAC－SHA1 口令处理算法进行深入分析,利用流水线、缩短关键路径的方式以及引入保留进位加法器 CSA 对核心运算 SHA1 进行优化实现,基于全流水线和状态机模式实现 HMAC－SHA1 口令处理算子,他们最终设计并实现了高效的口令恢复系统。他们的实验结果表明,单板卡四核 FPGA 硬件平台上的口令恢复速度达到了 CPU 平台上的 72 倍,GPU 平台上的 2.6 倍。

除了上面介绍的超算系统和特殊芯片外,还有其他的高效能计算机系统也可以应用于优化口令猜测场景,譬如 2013 年出现的拟态计算机。拟态计算机由中国工程院院士邬江兴带领科研团队,在科技部和上海市政府联合支持下,联合国内外十余家单位,聚合 500 余名研究人员,历时 6 年潜心研究而成。研究人员融合了仿生学、认知科学和现代信息技术,最终提出了拟态计算新理论。拟态计算机系统除了 CPU 外,还可以有 FPGA、GPU、DSP 等多类处理部件,协同进行计算。依据应用的不同特点,拟态计算机可以从硬件、软件层面自动或半自动的配置成高性效比模式。譬如有的应用需要 CPU 主频高,有的需要并行处理器件多,有的可能需要网络或 I/O 性能好等。拟态计算机的核心是基于大规模可编程逻辑器件(即 FPGA),利用其在线动态可重构的特性,实现应用程序所对应的物理计算结构的动态改变,从而实现能效的大幅提升。

鉴于拟态计算机可以通过调整物理结构来达到高效的性能,研究人员也尝试利用它的这一特点来实现高效的口令猜测系统。谭健[47]以拟态计算机为实验平台,在 MD5 算法迭代过程中建立相应寄存器组模块来负责传值,配合流水线实现了全流水架构的 MD5 算法。大量实验的测试结果表明,针对不同类型文档的口令破解任务,基于拟态计算机的口令恢复系统的能效比是一般系统的几十至上百倍。李斌等人[48]则针对传统口令恢复系统主要以 CPU 和 GPU 为主、体系结构单

一、破解效率低、无法满足用户计算需求的问题，提出了一种新型的混合异构口令恢复系统。结合拟态计算的思想，通过 CPU、GPU 和拟态计算机搭建混合异构系统，建立多维可重构体系，并在拟态计算机上设计相关高速口令枚举算法、万兆网络字典传输协议和全流水可重构加密恢复算法。同时，根据具体口令恢复应用的 PMC（processing-memory-communication）特征，动态调整系统结构，均衡向下分配口令空间，使整个系统能够高效地完成口令恢复任务。他们的实验结果表明，与传统 CPU 系统相比，这种新型的混合异构口令恢复系统在破解速度上提高了 18.84~84.94 倍，在能效比上提高了 3.07~15.73 倍。

第3章

用户口令的保护

3.1　口令保护概述

文本口令仍然是当今主流的认证方式[49,50]，每个互联网用户通常都拥有数十个受文本口令保护的账户。因此，几乎所有掌控计算机系统的管理者都会部署适当的措施来保障这些口令的安全。研究人员则致力于深入理解口令安全和口令保护。本章主要从两个方面来介绍口令保护：研究人员基于用户习惯提出的口令保护策略（用户常见的危害口令安全的行为）[51-53]和工业界中口令管理者使用的口令保护工具（口令强度度量器和口令管理器等）[54-56]。

3.1.1　基于用户习惯的口令保护

研究人员深入研究用户创建口令的习惯，并总结出了一系列创建弱口令的危险行为。本节将介绍这些弱口令的创建习惯，并提醒用户应当警惕并且避免这些常见的弱口令创建习惯，从而设置更加安全的口令。下面将分别从个人信息习惯、语义习惯、模式习惯和口令重用习惯这四个方面给出详细的介绍。

（1）**个人信息习惯**。虽然不被管理者推荐，但是用户往往会在创建口令时使用个人信息（譬如用户名、生日等）[3,8]，这主要是因为个人信息更加方便用户记忆口令。文献[8]指出，在 12306 这个数据集中，60.1%的口令包括个人信息。此外，研究人员发现通过把个人信息融入 PCFG 猜测模型中，可以大大提高口令猜测效率，这进一步说明个人信息的使用会削弱口令安全性。[8]这是因为用户个人信息很容易落入攻击者手中，攻击者可以较为方便地利用这些用户的个人信息去破解他们的口令。

（2）**语义习惯**。和个人信息习惯相同，语义习惯是指在口令中使用自然语言的语义，譬如口令"IlikeEnglish0011"中含有"I like English"这样的语义。语义习惯同样会严重损害口令的安全性，但是也因为方便记忆而被大量用户使用。Veras 等人[21]对语义习惯及其对口令安全性的影响做了大规模调研，研究结果和个人信息习惯类似：用户口令中存在的语义习惯也会大大降低口令的安全性。这是因为语义的存在会大大减少攻击者猜测口令时所需要遍历的搜索空间。

（3）**模式习惯**。模式习惯是指用户创建的口令中遵循某些模式特征。这些模式特征往往在字符分布或者输入工具布局的空间分布上存在着显著规律，譬如重复模式（"123123123123"）、键盘模式（"asdfghjkl"）。和带有个人信息和语义的口令类似，模式特征的使用也会减少攻击者所需要遍历的搜索空间，从而降低攻击者破解用户口令的难度，进而损害用户口令的安全性。目前针对模式特征的研究关注的只是部分自定义的模式特征（譬如键盘模式），尚未有一个较为全面的模式特征的调研或分析。其中代表性的工作是 zxcvbn[57]，它能够主动检测口令中的 11 种模式特征，并向用户提醒他们所使用模式的危害。

（4）**口令重用习惯**。用户的口令重用习惯是指用户复用或简单修改自己在其他网站上使用的口令而创建新的用户口令[1-3,58]。在 2014 年，Das 等人[2]分析了口令重用后得到的新口令和原口令之间的相似度，并使用文本相似度算法（譬如最大共同长度度量、曼哈顿距离等）进行数值上的度量。其最终结果表明，30％用户的新旧口令相似度在 80％以上。他们还发现增加口令重用规则（譬如用"@"替换"a"等）后，100 次猜测数下的口令猜测效率可以提高 14％。

一直以来,用户的口令重用习惯都被认为是不安全的。为了口令的安全,用户应尽量避免重用口令。但是面对如此多的账号口令需要记忆的问题,重用口令往往是用户合理的选择。在这种情况下,如何更好地重用口令也许是改善问题的关键,譬如用户应该尽量避免在不同重要程度的账户中重用同样的口令。

3.1.2 基于弱口令识别的口令保护

识别弱口令是用户口令保护中关键的一个环节。即便一般计算机系统会设计机制,避免用户使用常见的如"123456"或"qwerty7"之类的弱口令,但对于更"前沿"的弱口令就无能为力了。譬如随着 2017 年电影《神奇女侠》的上映,弱口令可能也随之从"superman"变成"wonderwoman"。与此同时,如果只是简单地统计口令中出现频率最高的口令来作为弱口令,则需要所有已破解的口令集帮助识别弱口令。这里,上传这些口令集到服务器上会带来很大的安全隐患,因此并不可行。

为了避免上传口令集带来的安全隐患,目前有如下的几种方法被用来检测口令中出现频率较高的弱口令。Blocki 等人[59]对口令集的频度信息设计了保护机制。该项工作利用差分隐私技术统计出口令的频度信息,通过给频度信息增加扰动使得研究人员可以与合作者分享口令频度信息,但不泄露频度信息的具体内容。该文献中的频度信息是指一枚口令在口令集中出现次数按从高到低排列的元组,譬如[30,20,10,...]是指该口令集中出现次数最高的口令出现了 30 次,出现次数第二高的口令出现了 20 次,依此类推。频度信息对于评估口令集的安全性起着重要的作用。

除此以外,还有基于计算复杂性的方法识别弱口令的研究。譬如以色列研究人员 Naor 等人[60]提出了一种创新方案,通过使用一种增强了抗干扰能力的多方计算协议，可以在不损害用户口令隐私性的前提下，系统地发现并统计出现频率很高的弱口令，且统计结果不会被攻击者轻易操纵和篡改。该方法的优点在于不需要依赖泄露口令的明文即可算出口令中出现频率较高的弱口令。

3.1.3　基于客户端的口令保护

　　客户端最常用的口令保护工具是口令强度度量器、口令管理器等。口令强度度量器是部署在网站等客户端上、能够返回用户输入的口令的强度的工具。而口令管理器则是用来帮助用户记忆大量口令的工具。它可以为用户生成冗长、复杂的口令字符串。这些复杂的口令字符串只能通过用户的"主口令"进行访问。这样一来，用户只需要创建并记忆一个强度足够高的"主口令"，然后把其他复杂口令的记忆任务（和输入任务）交给口令管理器即可。后文第3.4节和第3.5节会介绍这两类口令保护工具中具有代表性的一些工作。

3.2　口令生成策略

　　口令生成策略是网站管理者为用户创建口令制定的一系列规则，目标是帮助用户创建安全强度高、同时方便用户记忆的口令。传统的口令生成策略鼓励用户创建足够长且复杂的口令，这在保证口令安全性的同时也让口令变得难以记忆。为了平衡口令安全性和用户可记忆性这两个要求，研究人员不断提出新的口令生成策略。本节将对这些口令生成策略加以介绍，包括美国国家标准技术研究所（National Institute of Standards and Technology，简称"NIST"）推荐的口令生成策略、被广泛研究的助记口令策略和当下的研究人员推崇的其他安全实用的策略等。

3.2.1　NIST 口令生成策略新标准

　　NIST 一直得到各个政府机构、金融机构和高等院校广泛认可。在 2017 年 NIST 公布的最新口令生成策略标准 NIST SP 800 - 63[61] 中，NIST 对口令的安全标准做了如下要求。

　　（1）**口令应当首先满足更加容易被记住而不是更难被破解的要求**。NIST 推荐使用长的口令短语（有语义的长口令）而不是复杂的口令。NIST 的口令推荐策略更推崇用户能记住的口令，而不是包含足够多字符种类的复杂口令。NIST 这样推荐是因为纯粹为了保证安全性的复杂口令对用户没有意义，反而会大幅增加用户的记忆负担。一些服务提供商（譬如在线银行）和企业会强制用户定期（譬如 30～90 天，这个期限事实上非常令用户困扰）修改口令。但问题是，如果口令很强并且没有受到破坏，按定义的时间间隔定期更改口令时，用户可能倾向于使用易于记忆的、较弱的口令，或者在不同计算机系统中重用同样的口令。

　　（2）**口令长度更加重要**。NIST 新规则格外强调口令长度的重要性，并对如何设定口令长度的最大值和最小值的合理范围这一关键问题进行了详细说明。过去，口令长度受到限制是为了适应存储需求。但现在，随着散列值的存储，大小限制变得非常宽松。在实践中，无论口令是"password"还是"Itw@asAN!c3P@＄＄sword4ALL"，这两枚口令所需的存储空间实际上是相同的，具体的大小由服务提供商使用的散列算法确定。根据 NIST 的新策略，用户创建的口令长度至少应为 8 个字符，最大长度应允许超过 64 个字符。这意味着互联网厂商常用的 20～32 个字符的最大口令长度限制需要大幅放宽。

　　对于另一个问题：如果口令是由服务或系统创建的（譬如初始口

令和默认口令），口令字符数量（长度）的要求是什么？新规范中将系统创建口令的长度最小值减少到 6 个字符。这种 6 个字符的口令可以在员工初始入职时设置。此后，计算机系统会强制要求用户执行首次登录口令更改。

（3）**口令中可以使用特殊字符与表情符号**。新的 NIST 口令生成策略提出，所有可打印的 ASCII 字符（见表 3.1）都可用于创建口令，使用键盘创建的任意字符串（包括空格）都可以作为口令。另外，表情符号也可用于创建口令，如图 3.1 所示①。

表 3.1　用户口令中可使用的 ASCII 可打印字符（包括空格）

编码	符号	含义	编码	符号	含义	编码	符号	含义
0x20	(space)	空格	0x40	@	电子邮件符号	0x60	`	开单引号
0x21	!	叹号	0x41	A	大写字母 A	0x61	a	小写字母 a
0x22	"	双引号	0x42	B	大写字母 B	0x62	b	小写字母 b
0x23	♯	井号	0x43	C	大写字母 C	0x63	c	小写字母 c
0x24	$	美元符	0x44	D	大写字母 D	0x64	d	小写字母 d
0x25	%	百分号	0x45	E	大写字母 E	0x65	e	小写字母 e
0x26	&	和号	0x46	F	大写字母 F	0x66	f	小写字母 f
0x27	'	闭单引号	0x47	G	大写字母 G	0x67	g	小写字母 g
0x28	(	开括号	0x48	H	大写字母 H	0x68	h	小写字母 h
0x29	)	闭括号	0x49	I	大写字母 I	0x69	i	小写字母 i
0x2A	*	星号	0x4A	J	大写字母 J	0x6A	j	小写字母 j
0x2B	+	加号	0x4B	K	大写字母 K	0x6B	k	小写字母 k
0x2C	,	逗号	0x4C	L	大写字母 L	0x6C	l	小写字母 l
0x2D	—	减号	0x4D	M	大写字母 M	0x6D	m	小写字母 m
0x2E	.	句号	0x4E	N	大写字母 N	0x6E	n	小写字母 n

---

① 读者可以在 https://smiley.cool/emoji-list.php 找到更多的表情符号。

续　表

编码	符号	含义	编码	符号	含义	编码	符号	含义
0x2F	/	斜杠	0x4F	O	大写字母 O	0x6F	o	小写字母 o
0x30	0	字符 0	0x50	P	大写字母 P	0x70	p	小写字母 p
0x31	1	字符 1	0x51	Q	大写字母 Q	0x71	q	小写字母 q
0x32	2	字符 2	0x52	R	大写字母 R	0x72	r	小写字母 r
0x33	3	字符 3	0x53	S	大写字母 S	0x73	s	小写字母 s
0x34	4	字符 4	0x54	T	大写字母 T	0x74	t	小写字母 t
0x35	5	字符 5	0x55	U	大写字母 U	0x75	u	小写字母 u
0x36	6	字符 6	0x56	V	大写字母 V	0x76	v	小写字母 v
0x37	7	字符 7	0x57	W	大写字母 W	0x77	w	小写字母 w
0x38	8	字符 8	0x58	X	大写字母 X	0x78	x	小写字母 x
0x39	9	字符 9	0x59	Y	大写字母 Y	0x79	y	小写字母 y
0x3A	:	冒号	0x5A	Z	大写字母 Z	0x7A	z	小写字母 z
0x3B	;	分号	0x5B	[	开方括号	0x7B	{	开花括号
0x3C	<	小于	0x5C	\	反斜杠	0x7C	|	垂线
0x3D	=	等号	0x5D	]	闭方括号	0x7D	}	闭花括号
0x3E	>	大于	0x5E	ˆ	脱字符	0x7E	~	波浪号
0x3F	?	问号	0x5F	_	下划线			

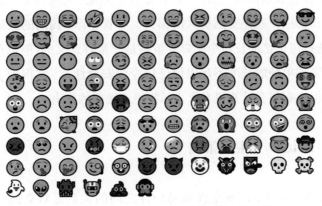

图 3.1　用户口令中可使用的部分表情符号

（4）**取消口令复杂度的要求**。新的 NIST 口令生成策略极大拓展了可用于口令的字符类型，强调口令长度的重要性，同时建议取消口令复杂度的强制要求。此外，NIST 还建议服务商取消过去并不合理的强制口令复杂度要求，譬如这个常见的策略："您的口令应包含至少一个字母、一个数字和一个特殊字符。"在实践中，"Password!23"是符合上述要求的口令，但它却是最易被破解的口令之一。同时考虑到用户的记忆负担，NIST 取消了口令中一定要含有特殊符号等用户口令组成复杂度方面的要求。

（5）**避免口令提示与安全问题**。口令提示与安全问题可以用于用户口令找回，譬如回答出生日期与姓名等。NIST 禁止此类提示，因为当攻击者发起针对性攻击时，可以根据泄露的个人隐私信息获取安全问题的答案并成功找回口令。

概括来说，NIST 推荐的是长且易记的口令短语，而不是短而复杂的口令。虽然几十年来，口令策略要求使用复杂口令，并需要定期修改，但这份在 2017 年 6 月发布的 NIST 口令生成策略新标准，颠覆了长期以来的口令策略准则。事实上，NIST 的新口令生成策略是根据口令泄露的大部分方式决定的。因为在近十几年的黑客活动中，大多数口令都是通过口令猜测的方式被破解的。在这种攻击的情景下，使用长口令能够有效地抵御攻击。NIST 表示互联网厂商应当更多地考虑用户，才能帮助用户避免受到更大的损失。尽管 NIST 提出的鼓励管理者和用户选择可记忆的长口令的口令策略是非常有意义的，但也存在着一些争议，譬如单纯的长度不足以保证口令的安全性。[62] 它得到了很多人的支持，但也有很多计算机专家表示拒绝遵循新的指南。

3.2.2　助记口令生成策略

通常来讲，口令的安全性和易用性之间的关系是对立的。安全的口令往往难以记忆,而易记的口令往往容易被猜中。Adams 等人[63]提出用户是口令安全的协作者,需要给予用户足够的帮助来生成安全且易记忆的口令。助记口令生成策略(mnemonic strategy)是研究人员提出的便于用户记忆同时保证口令难猜的口令生成策略。这种策略是指用户根据某种规则从一个可记忆的句子中抽取字符来构建口令。譬如,用户选择能够记住的一句话,抽取出这句话中的每个单词的首字母或者末字母来组成口令。通过助记口令生成策略生成的口令直观看上去是没有规律的,相对来说较难猜测,而且通过可记忆句子创建口令又保证了口令的可记忆性,因此助记口令生成策略不失为一种高效的口令生成策略。

研究人员对高效的助记口令生成策略进行了探究,其中普遍推荐的策略是用一句话中每个单词的首字母来组成口令。譬如 Yan 等人[51]在 2004 年就肯定了助记口令方便用户记忆的这一特性。但他们也提出,尽量使用定制的句子,譬如利用句子"My dog's first name is Rex"来生成口令"MdfniR",而要避免使用常用的句子,譬如"An apple a day keeps the doctor away"这样的谚语来满足助记口令生成策略。这样的口令通常很容易被猜中。Kiesel 等人[64]证实了助记口令的有效性,除此之外,他们还证明了与通过字典统一采样生成的口令相比,助记口令更能有效地抵御离线攻击。Jeyaraman 等人[53]同样也提倡使用一个句子中每个单词的首字母来组成口令。他们还设计了一个可以根据一串随机口令生成助记句子的系统,譬如根据口令"Tqbfj01d"生成方便用户记忆的句子"The quick brown fox jumped over the lazy dog"。该研究强调,随着用户口令数量的增加,用户会采用口令重用等其他不安全的口令生成方法,而通过助记口令生成策略,用户可以减少记忆负担并且提高口令的安全性。

Yang 等人[52]研究了表 3.2 中助记口令生成策略的六种变体,并测试了根据策略生成的口令的安全性。实验结果如下:

- 提供了通用示例的助记口令生成策略使得用户选取的助记句子重复率较高。在 864 个句子中，有 57 个句子出现了一次以上，共计 179 次；出现次数最多的 10 个句子共计出现 68 次。
- 特别强调在助记句子中引入个人信息且包含对应示例的助记口令生成策略能帮助用户生成强口令。在 MnePerEx 策略下的 777 个助记句子中，有 536 个句子的首个单词为"I"或"My"，而 MneGenEx 策略下仅有 125 个这样的句子。
- 包含个人信息的示例和高质量的示例使用户所创建的口令拥有更好的安全性。

表 3.2　助记口令生成策略的六种变体

变体	简介	为用户提供的详细说明
MneGenEx	提供通用示例的助记口令生成策略（Kuo 等人[65]）	1. 构思一个至少 7 或 8 个单词构成的句子，譬如"Four score and seven years ago our fathers brought forth on this continent" 2. 对句子中的每一个单词，选取一个字母、数字或特殊符号来表示该单词。譬如 four→4，score→s，and→&。常用的方法为选取每个单词的首字母。因此上述句子可以转化为口令"4s&7yaofb4otc"
MnePerEx	强调个人信息的助记口令生成策略，提供示例	1. 利用用户自身的知识构思一个对用户自身有意义的句子，但其他人无法利用该句子。该句子至少包含 8 个单词。譬如，"I went to London four and a half years ago" 2. 对句子中的每一个单词，选取一个字母、数字或特殊符号来表示该单词。譬如 went→w，four→4，and→&。因此上述句子可以转化为口令"iwtl4&ahya"
MnePer	强调个人信息的助记口令生成策略，不提供示例	1. 利用用户自身的知识构思一个对用户自身有意义的句子，但其他人无法利用该句子。该句子至少包含 8 个单词 2. 对句子中的每一个单词，选取一个字母、数字或特殊符号来表示该单词

续　表

变体	简介	为用户提供的详细说明
MneEx	提供多个包含个人信息例句的助记口令生成策略	1. 利用用户自身的知识构思一个对用户自身有意义的句子,但其他人无法利用该句子。该句子至少包含 8 个单词 2. 对句子中的每一个单词,选取一个字母、数字或特殊符号来表示该单词。以下为示例:"In June 2013, my wife and I visited Tokyo, Kyoto, and Sapporo"可以表示为"i63mw&ivTk&.$";"Run 5 miles per week for my first half marathon"可以表示为"r5mpw4mfhm"
MneSchEx	提供多种示例的助记口令生成策略(Schneier 等人[66])	1. 首先创建用户自身便于记忆的句子(选取仅属于自己的句子,可包含个人信息) 2. 然后使用用户自身便于记忆的技巧来修改该句子,构建口令。以下为示例:"This little piggy went to market"可以表示为"tlpWENT2m";"When I was seven, my sister threw my stuffed rabbit in the toilet"可以表示为"WIw7,mstmsritt"
MneYanEx	提供多种示例的助记口令生成策略(Yan 等人[51])	1. 构思一个包含至少 8 个单词的简单句子,从该句子的每个单词中选取字母构成口令。将部分字母转化为对应的大写形式来使得口令更难猜测;保证口令中至少包含一个数字或特殊字符 2. 使用上述方法生成包含 7 或 8 个字符的口令。举例来说,根据句子"It's 12 noon I am hungry"生成口令"I's12&Iah"。该口令对自身而言容易记忆,但对其他用户而言难以猜测。如果条件允许也可以使用外语,譬如根据"Anata wa Kyuuketsuki desu ka … Miyu desu"生成口令"AwKdk.Md"。也可以混合使用多种语言,但保证每一次使用外语时需要使用 2 个或以上外语单词

3.2.3　结合最小强度与最小长度的口令生成策略

除了助记符策略外,研究人员也致力于从其他角度提出更多安全且可靠的口令生成策略。Tan 等人[67]研究了基于最小长度、字符组成、最小强度与禁用口令名单四个要求设计的多种口令生成策略,通过比较这些口令生成策略的安全性和易用性，最终得到兼顾安全性与易用性的口令生成策略。对于高价值的账户，Tan 等人建议使用结合最小强度和最小长度的口令生成策略。

在使用最小强度要求时，首先需要量化口令强度。猜测数（guess number）是用户口令强度的主要衡量标准之一，具体指攻击者成功猜测出用户口令所需要尝试的猜测次数。Ur 等人[42]建议从多个猜测模型得到的猜测数中取最小值（Min_{auto}）作为口令的最小猜测数来尽可能保守地评估用户口令在面临专家级攻击者的猜测攻击时的强度。Tan 等人[67]使用口令猜测服务（the password guessability service，简称"PGS"，该服务使用了基于概率上下文无关文法、马尔可夫模型、神经网络等猜测方法，以及 hashcat、JtR 等猜测系统）来准确地评估口令的强度。得到口令强度后，再使用 Melicher 等人[26]提出的基于神经网络的猜测方法来设置最小强度阈值，即口令的猜测数需要大于最小强度阈值对应的最小猜测数。

禁用口令名单的要求可以帮助用户去除符合最小长度要求和字符组成要求但容易猜测的口令，譬如禁用口令"Pa$$w0rd"，尽管这枚口令长度为 8 且包含全部 4 种字符种类。禁用口令名单要求使用口令字典来检索用户口令是否出现在字典中，并禁用出现过的口令。口令字典可以包含已泄露的口令或者常用字符串。检索的方式可分为精准匹配和模糊匹配。精准匹配即确定口令字典中是否存在与待检索口令完全一致的口令。模糊匹配的实现方式较多，可以去除待检索口令中的数字和特殊符号后进行检索，或者将大写字母转换为对应的小写字母后进行检索。Tan 等人分别使用了 Have I Been Pwned? 网站提供的泄露口令（称为"Pwned 数据集"）和公开的 Xato 数据集来构建禁用口令名单要求。这两个口令字典包含了足够多的用户口令，具有广泛的代表性，因此这有助于提高所生成用户口令的强度。

Tan 等人设计并回答了以下六个问题，并深入研究了四种口令生

成策略。

- **使用禁用口令名单有什么影响？** 添加禁用口令名单要求后的两种口令生成策略 1c8＋Pwned-fs（"1c8"表示包含至少一种字符种类，长度至少为 8；"Pwned"表示使用 Pwned 数据集；"fs"表示全字符串匹配，也就是精准匹配）和 1c8＋Xato-strip-cifs（"strip"表示去除数字和特殊符号，"cifs"表示大小写无关的精准匹配）可以极大地提升口令强度。这两种口令生成策略并没有很大程度上增加创建口令的难度与时间开销，或者牺牲用户体验，但符合这两种策略的口令能更好地抵抗在线猜测攻击（这里，猜测数被限制在 10^6 以内）。

- **禁用口令名单要求对符合 1c8 策略的口令有什么影响？** 对大规模口令字典的大小写相关精准匹配与对小规模口令字典（包含公开的常用口令）的模糊匹配，在保证口令的易用性与安全性方面效果相似。去除数字与特殊字符且执行大小写无关精准匹配方法可以识别经过简单修改的公开口令。这种严格的检索方法仍能保持良好的用户体验，尽管用户会需要更长的时间来创建他们的口令。

- **最小长度与最小字符种类数要求对最小强度要求有什么影响？** 提高最小长度和最小字符种类数的要求后，符合最小强度要求的口令能更好地抵抗离线猜测攻击（这里猜测数被限制在 10^{14} 以内）。提高最小长度对易用性的影响要小于提高最小字符种类数的影响，这体现在用户创建符合相应的口令生成策略要求的口令所花费的时间和完成此过程的用户体验上。

- **禁用口令名单要求与最小强度要求相比孰优孰劣？** 1c8＋NN6（"NN6"表示最小强度要求下，口令的猜测数需要高于阈值 10^6）口令生成策略与表现最好的使用了禁用口令名单要求的口令生成策略相似，包括口令对在线猜测攻击的抵抗能力和口令的易用性。符合 1c8＋NN8 和 1c8＋NN10 策略口令的强度要优于禁用口令名单策略下得到的口令，而且能够保持口令的易用性。

- **最小强度要求与最小长度要求如何相互影响？** NN10 最小强度要求相比于 NN8 最小强度要求能在离线猜测攻击中为口令提供更好的保护，而不明显地损害易用性。另外，使用 NN10 最小强度要求和最小长度为 10 的要求能帮助用户缩短创建口令的时间。

- **禁用口令名单要求与口令组成要求(包括最小长度和最小字符种类数要求)如何相互影响？** 当使用最大口令字典和精准匹配时，4c8 口令组成要求相对于 1c8 要求会对口令安全产生负面影响，而同时应用禁用口令名单要求和 4c8(或 1c8)并不会很明显地影响用户在创建口令时的体验。

根据上述实验，Tan 等人建议：(1)在应用禁用口令名单要求时，需要使用一个 10^5 左右的口令字典来进行模糊匹配或者使用包含所有公开口令的口令字典来进行精准匹配；(2)应用禁用口令名单要求时，应当取消字符种类数的要求；(3)最小强度要求要优于禁用口令名单要求，前者可以提升口令对离线猜测攻击的抵抗能力而基本不降低易用性；(4)字符种类数要求实际上对提升口令安全的帮助非常小，甚至会降低口令安全性；(5)1c12＋NN10 策略可用于保护高价值账户，且对于易用性没有明显的负面影响。

3.2.4　可读音的口令生成策略

可读音性可以提升口令的可记忆性，而口令生成策略也可以利用可读音性来帮助用户创建容易记忆且安全的口令。Woo[68]研究了现有的可读音口令生成策略的不足，并提出了 ProSemPass 来生成可读

音的、有语义的口令。图 3.2 和图 3.3 详细地展示了 ProSemPass 生
成可读音口令的过程。

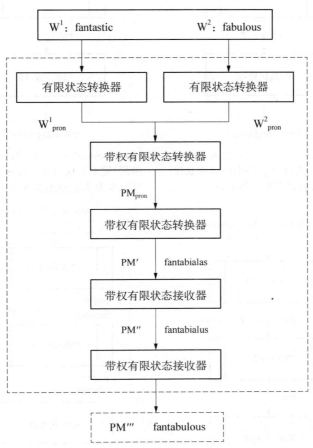

注：根据 2 个输入单词生成一枚口令。其中 PM 表示合成词
（portmanteau），W^i 表示第 i 个输入单词，W^i_{pron} 表示 W^i 的发音，PM_{pron}
表示从 1 000 个最佳候选列表中初步得到的合成词的发音，PM''' 表示最
终得到的合成词，PM' 和 PM'' 则表示生成 PM''' 时得到的中间结果。

图 3.2 PMGen(2, 1)

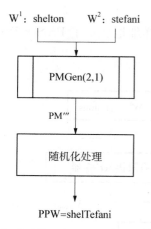

PPW=shelTefani

（a）ProSemPass（2，1）：输入 2 个单词，输出 1 枚口令。输出的口令长度至少为 8，包括至少 2 类字符。

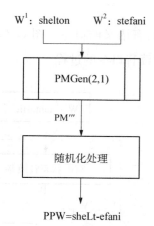

PPW=sheLt-efani

（b）ProSemPass（2，1，S）：输入 2 个单词，输出 1 枚口令。输出的口令长度至少为 8，包括至少 3 类字符。

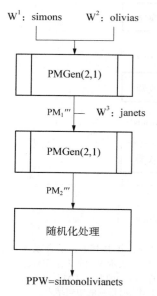

PPW=simonolivianets

（c）ProSemPass（3，1）：输入 3 个单词，输出 1 枚口令。输出的口令长度至少为 8，只包含小写字母。

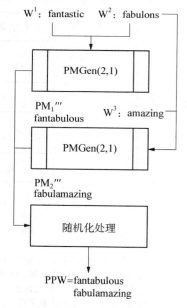

PPW=fantabulous
fabulamazing

（d）ProSemPass（3，2）：输入 3 个单词，输出 2 枚口令。输出的口令长度至少为 8，只包含小写字母。

注：PPW 表示为用户生成的可读音的口令。随机化处理包括随机选取口令中的一个字母转化为对应的大写字母，添加大写字母、数字或特殊符号等。

图 3.3 ProSemPass 的四种变体

首先要介绍的是 ProSemPass 中的主要方法——PMGen 方法。如图 3.2 所示,PMGen 方法根据外部输入的两个单词获取它们对应的发音,然后根据发音对这两个单词进行合成,得到一系列可供选择的候选发音。最后,PMGen 从最佳候选列表中进行初步筛选得到合成词的发音,根据该发音得到对应的单词后,再进行一些微调处理得到最终的合成词。

更进一步地,图 3.3 展示了不同口令生成策略要求(即不同长度、不同字符种类的要求)下,ProSemPass 生成符合要求的口令的步骤。对于输入是两个单词的情况,ProSemPass 首先是用 PMGen 方法生成合成词,然后对得到的合成词再进行随机化处理,最终得到符合特定要求的口令(如至少包含两类字符等)。而对于输入是三个单词的情况,ProSemPass 则先对其中两个单词使用 PMGen 方法生成合成词,然后再把合成词和剩下的一个单词作为输入,再执行一次 PMGen 方法生成合成词,最后同样对得到的合成词再进行随机化处理,得到符合特定要求的口令。

Woo 通过实验对表 3.3 中不同的可读音口令生成方法进行了对比。实验结果显示:

(1) ProSemPass 的四种变体策略下生成的口令与其他策略下生成的口令具有相似的平均长度[即 10~11。此外,ProSemPass(3,2)会输出两枚口令,因此计算出的平均长度为 19.87,约为其他策略的两倍],但口令长度的分布具有明显的差异;

(2) ProSemPass 的四种变体策略下生成的口令具有较高的召回率(即实验结束两天后能够成功验证口令的用户占比),这意味着这些策略下生成的口令便于用户记忆;

(3) ProSemPass(3,2)和 ProSemPass(2,1,S)生成口令的强度

表 3.3 可读音的口令模型

方法	输入的单词数	输出口令包含的字符种类数	示例
ProSemPass（2，1），输入 2 个单词输出 1 枚口令	2	2	shelton ＋ stefani ⇒shelTefani
ProSemPass（2，1，S），输入 2 个单词输出 1 枚安全口令	2	3	shelton ＋ stefani ⇒ sheLt-efani
ProSemPass（3，1），输入 3 个单词输出 1 枚口令	3	1	simons ＋ olivias ＋ janets⇒simonolivianets
ProSemPass（3，2），输入 3 个单词输出 2 枚口令	3	1	fantastic ＋ fabulous ＋ amazing⇒fantabulous, fabulamazing
S-ProPass[69]，Linux 系统生成的口令	2	3	censor4Errant
GPW8[70]，Gasser 提出的生成长度为 8 口令的策略	0	1	netrigod
GPW12[70]，Gasser 提出的生成长度为 12 口令的策略	0	1	isslartustle
3c8OP，普通口令，包含至少 8 个字符、3 种字符种类	—	3	Pa＄＄word123! Pa＄＄w0rd
U-ProPass，用户使用 2 个单词创建的安全口令	2	2+	forever3love, roron@verona
PMGen	2	1+	fantastic ＋ fabulous ⇒ fantabulous

要超过离线猜测攻击（这里猜测数被限制在 10^{14} 以内）的限制；

（4）用户输入的单词间的相似性很低，从而保证攻击者难以利用这些单词的特征来减小口令搜索空间，因此可读音的口令生成策略是一种平衡了易用性和安全性的策略；

（5）ProSemPass(2，1)的用户评分最高，为 7.55（满分为 10 分，分数越高表示越认可该策略），ProSemPass 的四个变体策略的用户评分保持在前五（第三为 U-ProPass），其中 ProSemPass(3，2)因为用户需要记忆的单词较多而评分最低，排在第五。

上述实验结果表明，可读音的口令生成策略可以帮助用户生成足够安全的口令，有着较高的召回率与用户评分，是一个有效的口令生成策略。

3.2.5　互联网服务提供商使用的口令生成策略

服务提供商在用户创建账户时会对口令设置一些限制，譬如口令的最小长度、口令至少包含的字符种类数、口令最小强度等。表 3.4 展示了 12 个主流网站各自的口令生成策略。可以看出，最小长度通常设置为 6 或 8。对于字符种类数，只有 FedEx、Apple 和 LastPass 三个服务提供商要求用户创建的口令中至少包含一个小写字母、一个大写字母和一个数字，其他网站接受任意数量的字符种类。Carnavalet 等人[71]对服务提供商设置的口令生成策略进行了研究。他们发现，在某一条口令生成策略下得到的强口令可能在另一条口令生成策略下是弱口令。譬如口令"Password1"在 Dropbox 口令生成策略下是弱口令，但在 Yahoo!口令生成策略下是强口令。为帮助用户生成易用且安全的口令，LastPass 建议用户使用口令来讲述一段对自身而言独一无二的话，这可以视为助记口令生成策略和可读音的口令生成策略的具体实践。

表 3.4　主流互联网服务提供商的口令生成策略

| 服务 | 长度 | | 字符种类 | 单调性 | 用户信息 | 空格位置 | | 强度限制 |
	最小	最大				首尾	内部	
Dropbox	6	72	无要求	否	部分	允许	允许	否
Drupal	6	128	无要求	是	禁止[1]	禁止	允许	否
FedEx	8	35	至少一个小写字母、大写字母和数字	是	禁止	禁止	禁止	是
Microsoft	1	—	无要求	是	禁止	允许	允许	否
Twitter	6	>1 000	无要求	否	部分	允许	允许	是
Yahoo!	6	32	无要求	是	部分	允许	允许	是
eBay	6	20	任意两类	是	部分	禁止	允许	否
Google	8	100	无要求	否	禁止	禁止	允许	是
Skype	6	20	任意两类,或全大写	是	禁止	禁止	禁止	是
Apple	8	32	至少一个小写字母、大写字母和数字	否	部分	禁止	禁止	是
PayPal	8	20	任意两类[2]	否	禁止	禁止	禁止	是
LastPass	12	—	至少一个小写字母、大写字母和数字	否	部分	允许	允许	否

[1] 在 2013 年 11 月 28 日的最新 beta 版可以包含部分用户信息。
[2] PayPal 将大写字母与小写字母视作一类。
注:表中数据来源于 Carnavalet 等人的研究[71]。最大长度中的"—"表示该策略忽略口令最大长度。字符种类包括大写字符、小写字符、数字和特殊符号 4 类。单调性表示单纯地添加字符以增加口令长度是否可以使口令强度更高,譬如 16 个"1"组成的口令是否比 8 个"1"组成的口令更强。用户信息指用户邮箱、用户名等信息,"禁止"表示口令中禁止出现用户信息,"部分"表示口令中可以出现用户信息,但口令与用户信息要有差异。强度限制表示口令生成策略是否禁用强度较低的口令,即使这些口令满足长度、字符种类数等要求。

3.2.6　未来的口令生成策略

更好的口令生成策略永远是安全研究人员的共同期待。在未来，更好的口令生成策略应该是面向用户部署更有针对性的策略，譬如对中文和英文用户应该分别部署不同的口令生成策略。在 2014 年，Li 等人[4]就指出了中文用户口令和英文用户口令的分布存在极大的差异：中文用户更喜欢用数字作为口令，尤其是手机号和生日，而英文用户则偏向使用纯字母构成口令；在字母的选择上，中文用户则更加偏向使用拼音，而英文用户则偏向使用单词。在 2019 年，中文用户口令和英文用户口令分布的不同特点又被 Wang 等人的研究[9]再次证实。虽然 10.32 亿中文网民（2021 年 12 月，《中国互联网络发展状况统计报告》）大约占了世界上互联网用户的 20％，但世界各大知名网站对中英文用户采取了同样的口令保护措施。因而，对不同的用户群体部署更具有针对性的口令生成策略将会是一种有效的安全应对机制。此外，包含隐私、金融信息的网站（譬如银行）往往需要更加严格的口令生成策略，而博客一类的网站则会选择较为宽松的口令生成策略，这样的策略有助于用户平衡安全性和易用性的矛盾。

3.3　口令强度度量方法

本节主要介绍两种场景下的口令强度度量方法，分别是针对口令集整体的强度度量标准和针对单一口令的蒙特卡洛强度度量方法。

3.3.1 面向口令集的强度度量标准

近年来大批被泄露的口令集（譬如 Rockyou 泄露的约 3 200 枚明文口令）使得如何度量这些口令集的强度成为了研究人员关注的一个主要口令安全问题。为此，Bonneau[72]在 2012 年提出了一系列基于香农熵值的度量口令集整体强度的标准。这些度量标准以攻击者每次猜测都能命中最高概率口令为前提，模拟评估口令集对猜测攻击的抵抗能力强弱，以此作为口令数据集的安全强度度量结果。下面将对这些度量公式做详细的介绍，关于这些度量标准的公式以及其参数的详细介绍见表 3.5。

表 3.5 针对不同口令数据集的度量标准

度量标准	公式	术语	描述
H_∞	$-\lg p_1$	Min-entropy	最简单的指标，用于最坏情况度量，譬如用户选择了最弱的、出现频度最多的口令。
$G(\chi)$	$\sum_{i=1}^{N} P_i \times i$	guesswork	在攻击者按照概率降序排列的顺序猜测口令时，猜中所有口令集的数学期望猜测数。
$\mu_\alpha(\chi)$	$\min\{j \in [1, N] \mid \sum_{i=1}^{j} p_i \geq \alpha\}$	α-work-factor	攻击者猜中口令集总概率为 α 的口令所需要的整数猜测数。
$\lambda_\beta(\chi)$	$\sum_{i=1}^{\beta} p_i$	β-success-rate	猜测 β 次所能猜中的口令百分比。
$G_\alpha(\chi)$	$(1-\lambda_{\mu_\alpha}) \times \mu_\alpha + \sum_{i=1}^{\mu_\alpha} p_i \times i$	α-guesswork	攻击者猜中概率为 α 的口令时所需要的数学期望猜测数。

注：其中 χ 表示该口令集的概率分布；N 表示口令中含有的不重复的口令数目；p_i 代表的是在口令集中频度排名在第 i 枚口令的概率（$p_1 \geq p_2 \geq p_3 \ldots \geq p_N$）。

Min-entropy,其度量公式的表达为 $H_\infty = -\lg p_1$,其中 p_1 表示的是口令集中频度最高口令占整个口令集的百分比。该公式的度量仅仅受到口令集中频度排名最高口令的比例影响。这是一个最坏情况的口令安全度量,表明了口令集中最弱的口令的安全强度。譬如两个不同的口令集中频度最高的口令占比分别为 90% 和 40%,对于攻击者而言,假设仅尝试一次攻击且成功猜中最弱的口令,则两个不同的口令集分别可以被破解 90% 和 40%,这意味着两个口令集有着不同的安全性。

guesswork,也称"guessing entropy",其度量公式为 $G(\chi) = \sum_{i=1}^{N} P_i \times i$。它表示当攻击者每次都按照概率降序命中口令时,命中全部口令所需的口令猜测数的数学期望值。

在真实的攻击场景中,攻击者可能成功破解口令集前 50% 的口令后就停止,而 guesswork 无法在这种场景中有效地模拟评估口令集强度,故而研究人员又提出了 α-work-factor 和 β-success-rate 这两种标准来针对上述场景。α-work-factor 评估了猜中口令集总占比为 α 的口令所需要的猜测数。但该猜测数只能表示为整数,其度量公式为 $\mu_a(\chi) = min\{j \in [1, N] \mid \sum_{i=1}^{j} p_i \geqslant \alpha\}$。$\beta$-success-rate 则评估了攻击者在 β 次猜测数下命中的口令在口令集中的占比,其度量公式为 $\lambda_\beta(\chi) = \sum_{i=1}^{\beta} p_i$。

α-guesswork 评估了在猜中口令数目总占比为 α 的前提下需要的猜测数的数学期望。注意,和 α-work-factor 相比,α-guesswork 更能模拟真实攻击场景下不同攻击成功概率的期望猜测数(兼顾了被猜中和未被猜中的口令的概率值),而 α-work-factor 只能利用猜中部分口令集的概率(只考虑了被猜中口令的概率值)来做度量。

3.3.2　基于蒙特卡洛方法的口令强度评估

当前绝大部分口令熵值评估方法依靠长度和 LUDS(lowercase and uppercase letters, digits and symbols)原则，即口令的长度越长，口令中含有的字符种类数越多，口令强度的熵值就越高，但是这一标准并不适用于人为习惯生成的口令。譬如依赖这一原则，那么口令"p@\$\$w0rd"计算出的强度就会比"eqjkfikl"高很多，而显然前者中带有的特定的口令模式使得它的强度并不如预想那样高。

对于单一口令的度量，一般广泛接纳的标准是基于破解模型成功破解该口令所需要的猜测数。这里的破解模型包括前文介绍过的概率模型(PCFG、Markov、FLA 等)。但这样的度量方法面临着用于评估的计算资源受限的问题，对于需要较大猜测数才能破解出的口令需要大量的算力和计算时间才能完成评估。显然不能为一个网站的口令强度评估单独部署一套高性能的计算平台。针对这一问题，研究人员提出了一种模拟评估的方法——蒙特卡洛方法。[73]该方法的最大优势是不受算力限制，而是可以用极小的计算资源估算出破解单枚口令大致需要的猜测数，从而帮助评估口令的安全强度。

该方法的基本原理是通过从口令集中随机抽样出部分口令，根据相对应的概率猜测模型赋予口令在该模型下的概率，使得其概率接近真实口令在数据集中的概率。

假设口令集中的数目为 τ，每枚口令 α 符合概率模型 p 的分布且满足 $\sum_{\alpha \in \tau} p(\alpha) = 1$。其中 $p(\alpha)$ 为口令 α 在模型 p 中的概率。因此，在模型 p 下的口令强度 S_p(即成功破解口令 α 所需要的猜测数)被定义为概率大于口令 α 的口令数目，即：

$$S_p(\alpha) = |\{\beta \in \tau : p(\beta) > p(\alpha)\}| \tag{3.1}$$

　　显然,准确地计算出 $S_p(\alpha)$ 需要模型 p 生成所有能生成的口令,而让模型 p 生成这些口令是不切实际的。因为能生成的口令数目巨大。蒙特卡洛方法则通过随机抽样的一部分口令来高效并准确地模拟出口令 α 的概率。假设随机抽样出 n 枚口令,每枚口令的抽取都是可放回的抽样,并且每枚口令 β 都以概率为 $p(\beta)$ 被抽中,那么,对于基数(cardinality)的预测如下:

$$C = \sum_\beta \in \tau \begin{cases} \dfrac{1}{p(\beta) \times n} & \text{if } p(\beta) > p(\alpha), \\ 0 & otherwise \end{cases} \tag{3.2}$$

　　在实践中,先要从口令测试集中随机抽样得到一部分口令(通常为10 000 条以上的口令),再根据训练得到的口令猜测模型(譬如 PCFG、马尔可夫模型等)计算所有口令的概率,并按照概率降序的原则排序。这里注意完全排序所有的口令显然会带来时间上的开销,故而蒙特卡洛方法先排序抽样得到的部分口令,并根据式(3.2)计算出破解这部分口令所需要的猜测数。最后只需根据概率将其他口令映射到抽样口令的排序位置即可估算出破解该口令所需要的猜测数。

3.4　口令强度度量器

　　口令强度度量器(password strength meter,简称"PSM")是口令管理者部署在网站等客户端上的、用于检测用户输入的口令的强度的工具,其主要功能是返回用户所输入口令的安全强度。一个良好的口令强度度量器可以帮助用户避免使用弱口令,从而帮助用户创建更安全的口令。以搜索引擎谷歌所部署的口令强度度量器(图 3.4)为例,口令强度度量器根据预定义规则进行度量,在输入字段旁边使用水平标尺显示口令强度，水平标尺的长短往往与口令强度的强弱相对应。

图3.4　谷歌的口令强度度量器

本节将介绍传统的基于启发式的口令强度度量器和一些典型的广泛使用的口令强度度量器，譬如自适应（adaptive）和可解释的（explainable）口令强度度量器和 zxcvbn 等。

3.4.1　基于启发式的口令强度度量器

早期口令强度度量器根据一组启发式口令复杂性度量规则来评估用户口令强度，这里的规则通常依据 NIST 发布的 SP800 - 63 标准来设置，根据口令的长度和所使用的字符种类数目（譬如大写、小写或数字）等计算出口令的复杂度的熵值，然后来度量口令安全强度。通常，长度越长、字符种类越多的口令安全性就越强。这类方法也被称为LUDS，其优点是方法简单、不依赖于其他数据且能有效检测出易受暴力攻击破解的弱口令。但该方法存在不少问题：没有考虑到近 10 年口令猜测方法的进展，譬如口令"1234a!"会被评估为强口令；口令"bob-love-alice!"这类存在显著语义的口令的评估结果会高于"dfalkjweg"这类乱序纯字母字符串，在实践中，乱序生成的"dfalkjweg"的安全强度相对而言会比较高。

3.4.2　自适应和可解释的口令强度度量器

基于规则的方法尽管计算方式简单，但也被很多研究人员指出它并不能准确地度量口令的安全强度[74]。此外，该方法不适合计算用户人为设置的口令的强度而适合计算随机生成的口令的强度，因为用户人为设置的口令往往含有遵循一定模式的特性，譬如键盘模式等。为设计更加贴近用户口令真实强度的度量器，研究人员还提出了自适应的口令强度度量器（adaptive meter）[54] 和可解释的口令强度度量器（explainable meter）[55-56]。

Castelluccia 等人[54] 在 2012 年提出了基于马尔可夫猜测模型的自适应的口令强度度量器。马尔可夫模型可以动态评估口令强度，同时用户常用的模式随着出现概率的增多会相应降低其安全性。该度量器的优点是在评估口令强度时更加贴近用户的口令习惯，但缺点是方法复杂，需要在通用性（即适配不同网站的需求）和准确性（即正确估计新出现口令的强度）之间达成一个折中。

主流的口令强度度量器仅仅检测弱口令，以此来提醒用户改正弱口令，但往往忽略了告知用户弱口令的原因，这使得用户对自己所选择的口令为什么被评估为弱口令很困惑。口令强度度量器最重要的目标是帮助用户创建强口令，但如果用户不能了解弱口令的弱点，则会大大增加用户创建强口令的难度。为了解决该问题，Ur 等人[55] 和 Xu 等人[56] 提出了可解释的口令强度度量器。它们均是通过告知用户所选的弱口令模式来向用户生动形象地解释了弱口令的原因，从而更好地帮助用户理解系统给出的量化的口令安全强度，以督促用户将弱口令修改为更安全的口令。

3.4.3 zxcvbn

zxcvbn[57]由面向个人和企业用户的云存储服务商 Dropbox 开发，用于评估用户口令的强度。它已经支持包括 JavaScript、Python、Go、C/C++、C♯、Java、Rust、Scala、PHP 在内的多种语言版本，并提供了 RESTful APIs。zxcvbn 已经整合在 AngularJS 框架中，可以运行在 Web 浏览器、Android、iOS 等平台上，并在 GitHub 上被点赞超过 1.3 万次（2022 年 4 月）。此外，WordPress 公司也使用了 zxcvbn 作为默认的口令强度度量工具。

zxcvbn 是一个受口令破解方法启发的口令强度度量器。它的工作原理是将这些给定的用户口令分解为不同的可能模式组合，然后分别给这些模式估计"熵"值，最终口令的强度熵计算为组成口令的各个模式的熵的总和。因为分解用户口令可能会有不同的模式组合方式，这意味着最后用户口令的熵值可能由不同的模式组合计算得到，所以最后返回所有的模式组合的熵中的最小值，故而 zxcvbn 是一个保守估计口令强度的方法。zxcvbn 定义了用户口令中常用的弱模式，譬如键盘模式口令（如"qwerty""zxcvbn"）、语义模式口令（如日期、常用词语）等模式口令。

zxcvbn 主要由三个阶段组成：匹配、估计和搜索。接下去用"lenovo1111"作为口令输入的例子来阐述各阶段的机制。

（1）匹配阶段。用户输入口令，模式匹配返回与口令部分段所符合的匹配模式。针对该输入，可能返回[*lenovo*（token），*eno*（reverse "one"），*no*（English words），*1111*（repeat）和 *1111*（date pattern 1/1/2011）]。

（2）估计阶段。该阶段是分别为每一个匹配的模式分配一个估计值,譬如如果"lenovo"是一本口令字典中最常见的第 10 000 枚口令,那么它的猜测估计值是 10 000,因为攻击者主要按照概率降序的方式猜测,所以猜测到"lenovo"需要 10 000 次猜测。

(3) 搜索阶段。最后的搜索阶段是搜索从所有的匹配模式中提取出不重叠的相邻模式,并且使得最后猜中整枚口令所需要的总猜测数最小。譬如在这个例子中,搜索步骤将返回[lenovo (token),1111 (repeat)],其中对字符串"1111"选择了需要更少猜测数就能猜中的重复模式(repeat)。

zxcvbn 对上述模式赋予一个较低的评分。具体来说,zxcvbn 会对如表 3.6 中所示的七种模式进行检测。

表 3.6 zxcvbn 检测的模式

模式	例子
标志(token)	lenovo、logitech
翻转(reversed)	drowssap
序列(sequence)	123、456789
重复(repeat)	abababab、1111111111
键盘(keyboard)	qwertyuio、qAzxcde3
日期(date)	781947、72111
暴力(brute-force)	x$JQ(jd

3.4.4 fuzzyPSM: 模糊口令强度度量器

fuzzyPSM[33] 是由汪定等人在 2016 年提出的基于概率上下文无关文法(PCFG)算法的口令强度度量器。fuzzyPSM 对用户的真实口令行为进行建模,将不太敏感的服务泄露的口令用作基本词典,并将服务泄露的口令中相对较强(较为敏感)的那部分用作训练词典。基于这些数据准备，fuzzyPSM 自动创建模糊概率上下文无关文法。在模糊概率上下文无关文法的支持下，fuzzyPSM 可以对用户选择口令的方式做出动态反应。他们在 11 个真实口令数据集上进行了大量的实验。实验结果表明 fuzzyPSM 通常优于所有其他口令强度度量器，在区分弱口令方面特别准确，并且适用于在线猜测攻击占主导攻击方式的在线服务。

3.4.5　Telepathwords：来自微软的口令强度检测工具

2013 年，微软推出一款口令强度检测工具 Telepathwords[75]，其目的在于帮助用户检测自己的口令是否足够安全。Telepathwords 的工作模式是通过判断用户下一步输入的字符是否安全，进而评估整枚口令的安全强度。譬如，如果你输入的字符可以被 Telepathwords 预测到，则 Telepathwords 会显示"×"，表示你现在输入的字符不安全，会被成功预测出。如果你输入的字符不能被 Telepathwords 预测到，则会显示"√"，表示你输入的字符安全性较高。如果看到"×"，Telepathwords 建议用户尽快替换该字符。因为能被 Telepathwords 猜中的字符，攻击者也很容易猜中，所以用户最好尽快修改它。

Telepathwords 是基于马尔可夫链和用户口令的统计学知识来预测用户下一步将要输入的字符的。虽然它是一个较为优秀的口令强度检测工具，但微软也指出了其存在的局限性：它是一款以英语单词为主、针对英文用户口令行文的工具，且数据库信息更新可能不够及时，譬如如果用户用的是个人信息（姓名、喜好食物等）这一类信息构成的口令，Telepathwords 很难准确检测它的强度。

3.4.6　CKL_PSM：基于 chunk 的口令强度度量器

基于 chunk 的口令强度度量器(简称 CKL_PSM)[1]采用了高效的基于 chunk 的 PCFG 模型(具体的介绍参阅第 2.2.7 节)，同时反馈用户口令创建过程中的较弱的高频字符串(即 chunks)。具体来说，它是一种基于高频字符串的口令强度检测工具，其背后采用了高效的基于 chunk 的猜测模型。CKL_PSM 的架构图如图 3.5 所示：首先使用分词后的口令构建并训练 PCFG 模型；其次利用该高效模型检测口令强度并反馈给用户强、中、弱等信息；最后将该模型进行压缩后部署在浏

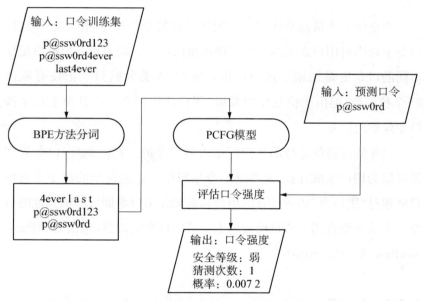

注：其中评估口令强度采用了蒙特卡洛方法基于训练后的高频字符串 PCFG 方法对口令映射成为对应的猜测数

图 3.5　CKL_PSM 流程图

① 参见 https：//github.com/snow0011/CKL_PSM/tree/main。

览器端和服务端。CKL_PSM 具有以下优点：基于高频字符串 PCFG
模型的口令破解效率较高，可以更好地减少强度检测工具错误地高估
口令强度的现象，得到较为准确的口令强度评估的结果；该强度检测工
具不仅可以反馈用户口令强度，还可以反馈更多的信息（比如口令中所
采用的高频字符串、口令基于该模型的概率以及猜测数等）以解释弱口
令的生成原因，告知用户口令中所采用的哪些高频字符串是导致弱口
令形成的重要因素。

3.5　口令管理器

　　安全研究人员总是让用户使用冗长且复杂的口令，但是记住这样
口令字符串对用户来说通常是一项沉重的负担。而为每一个账户记住
不同的口令更是加剧了这项负担。通常，人类大脑只能记住有限的
5～7 枚口令，但由于信息化的发展，用户往往拥有几十甚至上百个被
口令保护的账号。

　　口令管理器就是帮助用户记忆大量口令的工具。此外，口令管理
器可以为用户生成冗长、复杂的口令字符串。这些复杂的口令字符串
只能通过"主口令"访问，因此，用户只需记住主口令即可解锁其他的口
令。本节主要介绍一些目前市场上主流的口令管理器，包括 LastPass、
KeePass 和 1Password。

3.5.1　LastPass

　　LastPass[①] 是一个非常强大的、基于云的口令管理器软件。它使

──────────

① 参见 https://www.lastpass.com/。

用 AES－256 加密技术保护口令，并且提供双因子身份认证选项。LastPass 是对 Windows 用户而言最好的口令管理器之一，可以通过扩展插件、移动应用程序等支持浏览器和操作系统。此外，LastPass 还满足跨浏览器平台的需求，支持不同平台的操作系统。在功能上，LastPass 允许通过主口令创建强口令并自动填写不同浏览器的登录框；在数据的导入和导出上，LastPass 还支持将数据库中的数据导出到 csv 文件，或者导入到 Firefox 浏览器中。此外，LastPass 通过得当的方式提醒用户更新弱的老旧口令为更安全的新口令。

3.5.2　KeePass

KeePass[①] 同样是一个主流的 Windows 口令管理器应用程序。它既可以通过各种浏览器扩展接入，也可以应用在移动应用程序中。此外，KeePass 还是一个免费开源的口令管理器，这意味着它的代码可以被任何人审查，这也为 KeePass 赢得了更多用户的信任。KeePass 默认情况下使用 AES－256 加密技术，它也允许用户选择使用 Twofish－256 加密技术。KeePass 的最大优点就是免费、开源且兼容性强。此外，KeePass 的口令被保存在本地数据库。数据库保存在本地相对更加安全。KeePass 功能强大，但是用户第一次使用时的配置较为繁琐。

3.5.3　1Password

1Password[②] 是加拿大开发商 Agilebits 推出的一款跨平台口令管理器软件。作为一款收费软件，1Password 是目前口令管理软件中用

---

① 参见 https://keepass.info/。
② 参见 https://1password.com/。

户评价最高的。1Password 包括口令管理器和浏览器扩展两个部分，除了保存用户口令、生成随机口令这些常用的功能，1Password 还有其他一些丰富的管理功能，可以建立不同的用户口令仓库，保管银行账号、授权码等一系列重要的个人数据资料。

在功能上，1Password 支持在线同步。从界面设计和易用性层面来说，1Password 要比 LastPass 更方便些，譬如可以很方便地查看用户口令，可以配合 Chrome 插件等。此外，1Password 也可以用来帮助用户存储两步验证的账号。从安全性上说，相对于将数据同步到 Dropbox 和 iCloud 等云服务上，1Password 把数据放在本地也非常安全。但缺点是，1Password 的使用者要注意保存证书，否则一旦手机被清空后就无法找回以前的账号信息。

3.6 口令的传输与存储保护

3.6.1 口令的安全传输

在现实生活中，即便用户的请求在浏览器可以被正确地解析，网络传输过程也可能被攻击者拦截，这就导致用户的口令存在被泄露的风险。因此，如何安全地传输口令就成为口令安全的一个重要环节。目前，安全传输最重要也是唯一的解决方案是加密所要传输的口令，安全通信的本质也就在于加密算法是否足够强大。通用的加密技术分为以下三种：散列加密、对称加密和非对称加密。

- **散列加密**是通过一些不可逆的散列算法将原本的明文内容转化为散列后的密文内容，由于散列算法几乎不可逆，因此即便得到密文也几乎无法通过密文猜测相应的明文内容。典型的散列算法有 MD5、SHA－256、SM3 等。

- **对称加密**的工作原理是发送方和接收方约定一个同样的对称加密密钥,在传输前发送方使用密钥加密消息后发送加密后的密文给接收方,接收方通过该密钥解密密文后拿到明文消息。对称加密算法实施的难点在于密钥的协商,也即让远距离的发送方和接收方协商出一个相同的加密密钥。典型的对称加密有 AES、DES、SM1、SM4 等。

- **非对称加密**的前提是,每个用户都生成一对公钥和私钥(这通常需要满足很强的计算复杂性要求,使得从公钥推导出私钥在计算上是不可行的)。一方面,发送方用接收方公钥对消息进行加密,接收方用自己的私钥解密后,就获得了消息明文。这个过程用于消息的加密传输,这里的消息可以是前述的对称加密密钥,也可以是用户口令。另一方面,发送方用自己的私钥对消息加密,接收方用发送方的公钥进行解密,就可以恢复出消息明文。这个过程用于消息的鉴别,也称为数字签名与鉴别。典型的非对称加密算法有 RSA、ECC(椭圆曲线密码算法)和 SM2 算法。

最后,为实现用户口令传输中端到端的安全性,通常需要用到 HTTPS 协议,其中的 S 表示 secure。HTTPS 会用到非对称加密算法和对称加密算法,在实现便捷的密钥协商的基础上,安全地传输包括用户名、口令等敏感消息。

3.6.2 口令安全存储

口令的安全存储有以下几种方式。

一是存储明文口令的散列值 $Hash(p)$。用户口令的存储保护是通过密码学算法将明文口令转换为无规律的密文。在理想情景下,即使攻击者得到了用户口令的密文,也无法恢复口令明文。目前主流的解决方案是使用密码学散列算法(譬如 SHA - 256、SM3)。

很多人不清楚密码学散列和普通的散列函数有何区别。其根本的区别在于密码学散列算法具备强单向性，即不同的口令其散列值是不一样的，也就是说密码学散列算法很难发生碰撞。而普通的散列算法主要用于数据结构中（譬如散列表），很容易发生散列碰撞。此外，如果单纯地使用密码学散列算法运算口令散列值，也很容易被攻击者用字典攻击或暴力攻击成功破解口令。查找表和彩虹表就是两种典型的破解方式，具体内容参阅第 2.1.1 节。

二是存储明文口令的散列加盐值 $Hash(p+salt)$。为抵御彩虹表攻击，较好方法是散列加盐（Hash＋salt）。换句话说，散列加盐不是最好的方法，但如果实施得当，对用户口令来说也是比较安全的。

散列加盐就是在口令后加一段随机值（salt），再进行散列运算。如果是简单的散列运算，那么当两个用户口令相同时，它们的密文也必定相同。所以一个用户的密文被破解后，那么具有相同口令密文的其他用户的口令也就被破解了。而加盐就是保证让多个同样的口令对应的密文值不同，这样攻击者通过构建彩虹表破解口令的代价会变得巨大。即使攻击者实施拖库攻击，想要成功破解这种加盐后的口令密文也会很困难（会消耗大量的计算资源和时间，且不见得能破解成功）。

在设置盐值时，需要考虑到盐值应具备不可预测和高度随机两个特性。这是因为如果盐值可预测，那么攻击者可以先确定盐值，这样即使使用了散列加密并加了盐，本质上和纯散列加密也没有太大区别。生成盐值可以使用密码学中的伪随机函数（CSPRNG）。这里要尽量避免使用非安全的 **rand()** 函数。安全的伪随机函数的关键在于种子（seed）的随机性，这也是密码学领域的一个重要研究方向，这不在本书所讨论的范围内，就不展开介绍了。获取盐值除了用标准的密码学算法，同时还要注意避免使用和用户有关的属性（譬如邮箱、手机号等）。此外，盐值也不能太短，建议盐值的长度应该和散列后密文的长度一致。

在一个设计良好的加盐方案保护下，口令猜测的成本将急剧提高。譬如说，在实施彩虹表攻击的过程中，加不同的盐值使得每个用户的散列函数都会不同，因此必须要为每个用户都生成不同的彩虹表，这显然大大提高了口令破解难度。

三是存储 KDF(key derivation function)函数结果。虽然基于散列加盐值的方法对口令的保护极大地提升了口令猜测的难度，但它仍存在着一个严重的问题：MD5、SHA - 1 等主流散列算法的运算速度太快了。因此，如果攻击者在计算性能高效的硬件(譬如 GPU)上运行，在时间较长的情况下还是有很大几率完成暴力破解。为应对此类攻击，当前研究人员的主要思路是让散列加密的运算变慢，那么攻击者破解口令的速度也会相应降低，从而能够更好地保护用户口令。这样的方法主要有 KDF 函数[76]。

KDF 本质上属于 key stretching 或 key strengthening，是一种可以使用户输入的口令更安全地抵抗暴力攻击的技术，这种技术大大提高了暴力攻击的困难度。KDF 基于 $Hash + salt$ 机制，主要利用迭代因子这个概念，以减慢处理速度进而减少被破解的风险。KDF 主要有三种实现，分别是 PBKDF2、bcrypt 和 scrypt。以 PBKDF2 为例[77-78]，用户口令加密的过程如下：

$$DK = PBKDF(PRF, password, salt, c, dkLen) \qquad (3.3)$$

其中"PRF"是一个随机函数，"password"是口令，"salt"是盐值，"c"表示迭代次数，"dkLen"是最后输出的密钥长度。"c"的数值越大，运算速度就会越慢。对比而言，这个过程循环 2 000 次，总共需要 16 秒，而如果简单地运行散列加盐值，循环 2 000 次，运行时间则不到 0.1 秒。从该角度来看，相比散列加盐的方案，PBKDF2 是一种更好的口令存储保护方案。

3.7 口令泄露检查

在当今大数据时代，口令泄露事件频发。而伴随着口令数据的大规模泄露，攻击者在攻击在线服务时，有大量的真实数据支撑，很容易实施凭证填充（credential stuffing）攻击。凭证填充是指攻击者将用户名或电子邮件列表以及相应的口令组成被盗账户，然后通过定向的大规模自动登录的方式来请求获得对用户账户的未授权访问。与口令破解不同，凭证填充攻击不会尝试猜测任何口令，攻击者仅使用大量的（数千至数百万）以前发现的凭证对即可自动登录，所以凭证填充攻击主要针对的是用户在多个站点进行口令重用的弱点。

基于上述原因，用户希望对自己的口令进行口令泄露检查来确保自己的口令没有被泄露以防止凭证填充攻击，但往往在检查的过程中用户的明文口令已经在毫不知情的情况下泄露给了攻击者。而对于用户如何在进行口令泄露检查的同时不暴露自己的明文口令这一问题，研究人员提出了凭证泄露检查（compromised credential checking）技术。

3.7.1 Have I Been Pwned?

2018 年 2 月，Junade Ali[79] 创建了一个通信协议（使用 k 匿名和散列加密），以匿名的方式验证用户输入的口令是否泄露而不泄露搜索到的口令。该协议在 Troy Hunt 的 Have I Been Pwned? 网站中作为公共 API 实施，现在已被多个网站和服务使用。

k 匿名技术被用于多个领域，如发布匿名但可用的数据集。譬如，医院可以用于发布医学研究的患者信息，同时不透露个人信息。从形式上讲，如果一个数据集中的每一条记录都有 $k-1$ 条与之相同的其他记录，则可以说该数据集具有 $k-$ 匿名性的属性。通过使用这个属性，可以将散列值分割成匿名化的"桶"。客户端能够对用户提供的散列值进行匿名化处理，然后在与该散列值相同的匿名化"桶"中下载所有泄露的散列值，然后进行离线检查，查看用户提供的散列值是否在该泄露的"桶"中。

假设用户将口令"test"输入登录表单，而他们要登录的服务要完成的功能是验证他们的口令是否在泄露的口令散列数据库中。首先客户端会生成一个"a94a8fe5ccb19ba61c4c0873d391e987982fbbd3"的散列值。其次，客户端会将散列值截断到一个预定的字符数（例如 5），从而得到一个"a94a8"的散列前缀。此散列前缀用于查询远程数据库中所有以该前缀开头的散列值（譬如，向 $example.com/a94a8.txt$ 发出 HTTP 请求），并且下载整个散列列表。最后用户通过离线比较每个下载的散列值以查看是否与本地生成的散列值匹配。如果相匹配，则证明用户的口令已经被泄露。

3. 7. 2　Google Password Checkup

Kurt Thomas 等人[80]在上述协议的基础上引入了隐私保护集合交集（private set intersection，简称"PSI"）协议，使用户在进行口令泄露检查时泄露的个人信息更少，从而达到了更好的安全性。2019 年 10 月，他们与谷歌合作，发布了一个名为谷歌口令检查（Google password checkup，简称"GPC"）的 Chrome 浏览器扩展程序。用户开启该服务后可以查看他们保存在 Chrome 浏览器中的所有口令，还可以通过内部数据库对它们进行检查以确认口令是否被泄露。如果在内部数据库中找到了用户的用户名与口令组合,说明该账户有被攻击者进行凭证填充攻击的风险,谷歌会提示用户需要更改该账户的口令。目前该功能现已集成在 Chrome 浏览器中,用户不需要额外开启该服务。

这里使用的 PSI 协议是一种基于安全多方计算的加密方法,它允许持有数据集的双方比较这些集合的加密版本,以计算交集。在这种情况下,除了交集中的要素外,双方都没有向对方透露任何信息。该协议还有其他变体,如服务器-客户端方案,其中只有客户端学习它的集合与服务器的集合的交集,而服务器不掌握它的集合与客户端的集合的交集。目前 PSI 协议已经被广泛用于各种实际的应用中,譬如隐私保护的数据挖掘、基于位置的服务、社交网络、人类基因组的完全测试、协同的僵尸网络监测。

PSI 协议可以通过通用的计算来实现,包括以下四种类别。

(1) 不安全的 PSI:当面对 PSI 问题时,大多数初学者学到的方法是各参与方对各自的输入进行散列运算,然后再比较最终的散列值。尽管这种方法是有效的,但是当输入域太小或者没有足够大的熵值时,这种方法是不安全的。因为恶意攻击者可以进行暴力破解攻击,即对数据集的所有可能进行散列函数运算(这个数据集极有可能是某个参与方的输入集合),然后再对收到的散列值进行比较,就可以获得送方发过来的散列值明文。

(2) 基于公钥加密体系的 PSI 协议:基于公钥加密体系的 PSI 协议根据协议设计思想的不同又分为基于不经意多项式计算的 PSI(oblivious polynomial evaluation,简称"OPE")、基于不经意伪随机函数的 PSI(oblivious evaluation of pseudorandom functions,简称"OPRF")和基于盲签名的 PSI。Freedman 等人[81]提出了 OPE,其主要实现方式是将参与方的集合元素表示为多项式的根,利用多项式的数学性质来计算交集,并采用同态加密算法加密交互过程中的信息来保证协议的安全性。后来有研究人员使用了不经意伪随机函数得到了类似的 PSI 协议 OPRF。[82]研究人员也提出了基于 RSA 盲签名操作的 PSI 方案[83],计算与通信代价随集合元素大小线性增长。

基于公钥加密体系的 PSI 协议可以在双方集合元素数量不对称的情况下,让花销更大的公钥加密操作在一方进行,这样可以有效降低双方的通信复杂度。

(3) 基于电路的 PSI 协议:在过去的十年中,通用安全多方计算协议的效率得到了显著提高。它们允许对表示为算术或布尔电路的任意函数进行安全评估。研究人员提出了几种基于布尔电路的 PSI 协议[84],并使用 Huang 等人[85]的乱码电路框架对它们进行了评估。研究表明,随着安全性参数的增加,其 Java 实现可以很好地进行扩展,并且对于较大的安全性参数,其性能要优于基于盲 RSA 操作的 PSI 协议。Pinkas 等人[86]通过使用散列表对 Huang 等人的方案做了优化,并且比较了使用不经意伪随机函数的 PSI 协议与上述基于布尔电路的 PSI 协议的性能。而 Ciampi 等人[87]提出了目前为止性能最好的协议,即基于安全两方计算的 PSI 协议。

(4) 基于 OT 的 PSI 协议:Dong 等人[88]提出了使用布隆过滤器和 OT 扩展协议的 PSI 协议。该协议可以在亿级规模的集合上操作,但仍存在被恶意攻击者攻击的可能。而 Rindal 等人[89]对现有使用布隆过滤器的协议进行了改进,改进后的协议可以在 200s 的时间内计算两个拥有一百万元素的集合的交集。在改进之外,Rindal 等人[90]也对该协议进行了安全性加固,加固后的协议在安全性上有了一定的提升。

在之后的研究中,Kolesnikov 等人[91]对 Pinkas 等人[86]提出的协议进行了改进,主要方法是使用 OT 扩展协议来构造不经意伪随机函数,并且用伪随机编码作为纠错编码方法,使协议的通信复杂度不再随着集合大小的增长而增长。

3.7.3 口令泄露检查协议

前述工具都向服务器泄露了用户口令的散列前缀，这在一定程度上损害了用户账户的安全性。2019 年 9 月，Junade Ali 与康奈尔大学的 Lucy Li 等人[92]合作开发了新的口令泄露检查协议：频率平滑桶化协议（frequency-smoothing bucketization，简称为"FSB"）和基于用户名的桶化协议（identifier-based bucketization，简称"IDB"）。

FSB 协议只在向服务器查询口令时有效，这与 HIBP（即 Have I Been Pwned？所采用的协议）类似。但是它采用了一种新的方法，其关键思想是使用用户选择的口令分布的估计值来将口令分配到"桶"中，从而使访问的分布变得更加平滑。具体的方式是，FSB 会根据口令的概率将一个流行的口令分配给多个"桶"，这样可以有效降低流行口令的条件概率，使其与不流行的口令概率相似。虽然这种方式增加了计算的复杂性且需要的带宽变多，但研究人员通过实验证明，FSB 协议的服务器或客户端的操作开销与 GPC 使用的协议相当，而且泄露的信息比基于散列前缀的 HIBP 和 GPC 使用的协议要少得多。

IDB 协议与 GPC 类似，仅在检查用户名-口令对是否泄露时有效。但 IDB 协议相对 GPC 的改进是，GPC 在进行散列前缀的截断时使用的是用户名-口令对，而 IDB 协议只使用用户名的散列前缀将其分配到"桶"中。这种方法隐藏了用户的口令信息，使得恶意攻击者无法通过散列前缀来获悉用户的口令，增加了口令的安全性。谷歌也表示会在后续 Chrome 浏览器的扩展程序中使用这种协议。

3.7.4 其他口令泄露检查工具

除了 HIBP 和 GPC 这两种最知名的口令泄露检查工具，以及对它们的方法作出改进的 FSB 和 IDB 协议之外,还有其他的口令泄露检查工具,如 Vericlouds 和 GhostProject。它们通过用户注册的电子邮件来向用户定期发送信息,让用户了解与该电子邮件相关的所有泄露信息。但是这些工具所提供的服务并不是匿名的,用户必须使用真实的电子邮件才能获取这些信息,所以这些工具在安全性方面表现并不好。目前,用户用来检查口令泄露的主流工具还是以 HIBP 网站和 GPC 服务为主。

3.8　单点登录技术

单点登录技术(single sign-on,简称"SSO")是指授权用户可以使用一个账户进行一次登录就可以访问组织内部所有可以访问的计算资源和服务。这种技术在很多大型公司都有部署,方便了员工在内部系统中无障碍地访问各种计算服务以提升工作效率。SSO 在安全性上的优势随着它的广泛部署和适用已慢慢显现出来,现在已经成为信息服务的一种基础安全组件。在 SSO 解决方案的支持下,用户已经很少在他们的文件系统中存储或者在显示器上粘一个便条来记录用户名和口令信息,这大大降低了组织所面临的安全隐患。另外,集中化管理的 SSO 方便了 IT 管理人员和用户对账户的管理,也减少了企业的 IT 管理负担。具体来说,管理者要跟踪的账户和用户忘记自己口令时需要重置的机会都少了很多。

在常见的网站登录过程中,用户通过浏览器访问一个 Web 应用,通常需要先填写用户名和口令。在这个过程中,浏览器需要引入 cookie 和 session 两项技术来保存一个成功登录的上下文状态。浏览器中的 cookie 保存了这个用户的唯一标识,同时该用户的 session 中标记登录状态为 yes。这样当用户下次再访问这个应用时,HTTP 协议发送的请求中就会带上这个 cookie, 服务端会根据这个 cookie 找到对应的 session, 通过 session 判断用户是否已经成功登录。

单点登录可以通过 CAS(central authentication service) 机制来实现。该机制包括了 CAS Client 和 CAS Server 两个主要角色。当浏览器向某网站 A 发起请求后，网站 A 发现当前请求没有可用的 cookie, 就会重定向到 CAS Server 上；CAS Server 会给用户呈现登录界面，用户登录后，CAS Server 会生成 cookie 给浏览器，同时生成信任凭据 ticket 发送到 CAS Client, 该过程中用户无感；随后，CAS Client 利用生成的信任凭据 ticket 发送到 CAS Server 验证，通过验证后，网站 A 才会生成自己的 cookie 并写回浏览器，最后实现成功登录。该操作主要是保证当前浏览器有 CAS Server 赋予的合法 cookie, 这样当用户登录网站 B 时，在访问 CAS Server 的时候，由于当前浏览器已经有了 CAS Server 的 cookie, 可以直接校验通过并返回信任凭据 ticket 给网站 B。

3.9 开放注册

SSO 和开放注册(open authority, 简称"OAuth")[①]都是使用令牌代替口令来访问应用程序。相比 SSO, OAuth 的原理听起来可能会相对陌生，但是在实际生活中却被大量使用，譬如用户在访问某应用时不想注册而使用了微信的授权登录。SSO 和 OAuth 都是系统中没有用户名和口令，而是把用户名和口令存在登录中心或类似于微信的令牌服务器上的访问控制方式，可以统一把它们称为使用令牌代替用户名口令的方式来访问应用程序。

---

① 参见 https://oauth.net/。

OAuth 最常用的模式是授权码模式。以微信授权登录为例,具体工作机制是用户在某网站上点击使用微信授权,微信授权服务器类似于单点登录系统,那么微信授权服务器就会对用户的请求返回确认授权的页面。而对用户来说,确认授权页面类似于登录界面,用户确认授权后,微信授权服务器会返回一个信任凭据 ticket 并重定向到应用系统。最后,应用系统带上信任凭据 ticket 访问微信服务器,微信服务器返回了正式的访问令牌 token,应用系统才能使用访问令牌 token 获取用户信息。

开放注册的技术实现遵循以下步骤:

步骤 1　用户访问客户端,客户端将用户导向认证服务器;

步骤 2　客户端让用户选择是否授予客户端权限;

步骤 3　当用户同意授权时,认证服务器将用户导向客户端指定的重定向 URI,同时附一个授权码;

步骤 4　客户端收到授权码,附上重定向 URI,同时向认证服务器上申请令牌,这一步骤对用户是不可见的;

步骤 5　认证服务器通过核对授权码和重定向 URI,确认无误后,向客户端发送访问令牌(access token)和更新令牌(refresh token)。

无论是网站还是移动端应用,OAuth 的运行机制都是相同的:用户访问应用(譬如使用微信登录功能),应用(使用申请的开发者信息如 client_id、redirect_uri)访问资源服务器(譬如微信后台),资源服务器返回授权页面(微信授权)。用户输入资源服务器用户名和口令,或直接获取已登录账号(譬如手机 App 微信账号),点击授权(认证服务器验证微信账号信息)。授权后根据该应用此前传递的 redirect_uri 重定向到应用页面并附上授权码,应用使用重定向的网址和授权码访问应用后台,由后台不可见地使用 redirect_uri、授权码到认证服务器获取令牌(access_token 和 refresh_token)返回。

第4章

其他类型的认证系统

4.1　图形口令

由于文本口令具有较难记忆且易被猜中的弱点,近年来研究人员提出了图形口令的概念。图形口令一经提出就引起了国内外研究人员的广泛关注与认同,其以图形作为认证媒介,并以人脑对图片的记忆能力强于文本的生物学原理作为理论支撑,通过用户对图形的点击、识别、重现来进行身份认证,在安全性和记忆性方面都要优于文本口令。图形口令经过数十年的发展已经形成了一定的研究体系和发展方向。从技术上,图形口令大致可以分为三类:基于可选区域点击序列的图形口令、基于识别的图形口令和基于绘制的图形口令。

4.1.1　基于可选区域点击序列的图形口令

基于可选区域点击序列的图形口令机制要求用户在提供的口令图片上通过鼠标或者其他输入设备依次点击不同的区域,从而形成一个点击序列来作为用户的图形口令。这种机制中的口令图片为用户的记忆提供了很大程度的便利。

如图 4.1 所示,1996 年 Blonder[93]首次提出的图形口令机制就属于此类机制。如果用户在注册过程中选定了三块可选区域(1,2,3),那么在进行身份认证时用户必须按照注册时输入的图形口令序列来点击可选区域,如注册时输入的序列为 1→2→3,则认证时也应顺序选择1、2、3 区域,否则不能通过身份验证。Blonder 机制虽然便于记忆,但它的可选区域边界过于模糊,对用户身份认证的过程造成了较大的困

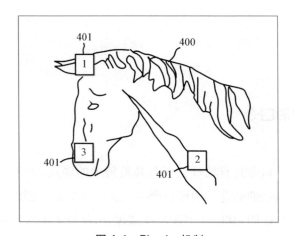

图 4.1　Blonder 机制
（来源：BLONDER G E. Graphical password ［EB/OL］.
1996. https：//www.freepatentsonline.com/5559961.html.）

难，同时 Blonder 也没有深入研究该机制的安全性。

　　之后，Passlogix 公司在 Blonder 机制的基础上提出了一个商业化的安全解决方案：V-GO 机制[94]，如图 4.2 所示。该机制为了解决 Blonder 机制的区域边界问题特地选用含有大量日常物品的图片作为口令图片，每个物品都有它固定的区域边界，用户只需要按注册时选择

图 4.2　V-GO 机制
（来源：Paulson L D. Taking a graphical approach to the password ［J/OL］.
Computer，2002,35(7)：19 - 19. DOI：10.1109/MC.2002.1016897.）

的物品序列来顺序地选择物品即可。这种机制虽然提高了 Blonder 机制的可用性,但它却在口令图片的选择上有所限制,很大程度上压缩了可供选择的口令空间,使得这种方案的安全性无法得到保证。

为了解决这个问题,Wiedenbeck 等人提出了 Passpoints 机制[95]。如图 4.3 所示,这种机制的优点在于,不仅用户可以不受口令图片的局限性的困扰而自由选用自己喜欢的图片作为口令图片,而且系统也只需要根据用户点击的可选区域边界是否在可接受的范围内来判断用户是否能通过身份认证,而不需要预先设定物品的区域边界。这样的做法不仅大大扩充了口令空间,而且机制的安全性也因为口令空间的扩大得到了根本性的提升。但是,如果选择的口令图片的热点区域(hotspots)过于集中,那么用户就会无形中受到引导而倾向于选择那些热点区域,这样会使攻击者比较容易根据热点进行猜测攻击。因此,在此类机制中口令图片的选择作为重要因素会在很大程度上影响图形口令的安全性。

图 4.3 Passpoints 机制

(来源:WIEDENBECK S, WATERS J, BIRGET J, et al. Passpoints: Design and longitudinal evaluation of a graphical password system [J/OL]. Int. J. Hum. Comput. Stud. , 2005,63(1 - 2):102 - 127. https://doi.org/10.1016/j.ijhcs.2005. 04.010.)

4.1.2　基于识别的图形口令

基于识别的图形口令机制要求用户注册时在给定的大量图片中选出部分喜欢的图片作为用户的图形口令，然后认证时，系统再将用户选出的图片与图形口令进行比较，如果一致则通过认证。与基于可选区域点击序列的图形口令机制不同的是，用户不是对一张图片进行选择，而是在大量图片中选择若干图片，这样不仅可以让用户不再困扰可选区域的边界问题，而且可以提高容错率。

最早出现的基于识别的图形口令机制是 Déjà Vu 机制[96]，如图4.4 所示。很多现有的基于识别的图形口令机制都是基于该机制发展

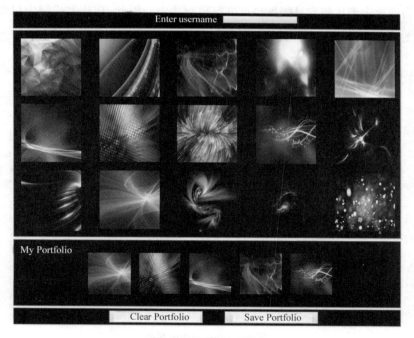

图 4.4　Déjà Vu 机制

(来源：DHAMIJA R，PERRIG A. Déjà Vu-a user study：Using images for authentication [C/OL]//BELLOVIN S M，ROSE G. 9th USENIX Security Symposium，Denver，Colorado，USA，August 14 – 17，2000. USENIX Association，2000. https://www.usenix.org/conference/9th-usenix-security-symposium/deja-vu-user-study-using-images-authentication.)

起来的。该机制通过散列函数产生随机艺术图片,认证时用户只需要选出在注册阶段时选择的随机艺术图片即可通过认证。这种机制使用的艺术图片虽然不会通过口述的形式泄露出去,但是却不便记忆,而且存在认证过程中所需的时间过长、口令空间太小等问题,因此现在已经不再使用此种机制。

在 Déjà Vu 机制上发展起来的最具代表性的是 Real User 公司开发的基于人脸的图形口令系统:Passfaces 机制[97]。如图 4.5 所示,该种机制利用了人类对人脸的识别性与记忆性要比一般图片强的这一生物学原理,用人脸图片取代了随机艺术图片作为用户的图形口令,其认证过程与 Déjà Vu 机制基本一致。区别在于此机制的用户可以设置多轮人脸选择来加强图形口令的安全性。这种机制虽然可以提高用户对图形口令的记忆力,但是

图 4.5 Passfaces 机制
(来源:PASSFACES. Passfaces:Two factor authentication for the enterprise[EB/OL]. 2022. http://www.realuser.com.)

认证界面每次只能显示九张图片。这在一定程度上会使攻击者攻击成功的概率增加,而降低用户口令的安全性。此外,Passfaces 机制还存在与生俱来的缺陷:用户在选择口令图片时倾向于根据自己的喜好选择漂亮的异性图片或者自己熟悉的图片,这使得攻击者更容易对用户口令进行有针对性的猜测攻击。

随后,Davis 等人在 Passfaces 基础上提出了 Story 机制[98],如图 4.6 所示。与前两种机制不同的是,Story 机制要求用户在注册时需要

按顺序选择口令图片来构成图形口令，而前两种机制并没有顺序的要求。除此之外，该种机制推荐用户在选择图片时最好能用几种类型的图片构建出一个合理的故事，这样不仅便于用户记忆图形口令，还能抹除 Passfaces 机制中用户选择图片时具有倾向性的缺陷，进而达到防止攻击者进行猜测攻击的目的。但是在实际注册时，有些用户会故意忽略构建一个故事的提示，这反而导致 Story 机制的可记忆性相比 Passfaces 机制会有所下降。

图 4.6　Story 机制

（来源：DAVIS D，MONROSE F，REITER M K. On user choice in graphical password schemes ［C/OL］//BLAZE M. Proceedings of the 13th USENIX Security Symposium，August 9 - 13，2004，San Diego，CA，USA. USENIX，2004：151 - 164. http://www. usenix. org/publications/library/proceedings/sec04/tech/davis. html. ）

　　另一种基于 Passfaces 的图形口令是 Jansen 提出的一种基于手持设备的可视化认证机制——Picture Password 机制。[99] 如图 4.7 所示，该机制采用的是包含 30(即 5×6)张图片的网格,用户在注册时需要选择一种映射规则完成从图片到字符的映射来生成图形口令。需要注意的是,用户选择口令图片时可以一次点击一张图片,也可以连续点击两张图片,但是点击两张图片时必须长按第一张图片到高亮才可以继续点击第二张图片。由于存在两种点击方式,因此用户的口令空间增大了很多,系统的安全性也得到了提高。另外值得一提的是,Picture Password 机制在口令重用方面优于 Passfaces 机制：用户每次想要更换图形口令的时候不用重新选择口令图片,只需要更改映射的规则就可以用同样的图片生成不同的图形口令,这在很大程度上减轻了用户的记忆负担。但是该机制由于有两种点击方式,会使用户认证的交互过程变得异常烦琐,所以并不利于广泛部署。

图 4.7　Picture Password 机制
(来源：JANSEN W. Authenticating mobile device users through image selection [J]. The Internet Society：Advances in Learning, Commerce and Security, 2004, 1.)

　　上述的所有机制的共同之处在于用户都是直接选择口令图片来完

成认证过程,所以它们都基本不具备抵御肩窥攻击(即当用户选择口令图片时通过在他身后观察的方式获得口令信息)和间谍软件攻击的能力。而 CHC(convex hull click) 机制[100]是第一个能有效抵御肩窥攻击和间谍软件攻击的基于识别的图形口令机制。如图 4.8 所示,它是一张大量图标组成的口令图片,用户在认证过程中必须先选出自己的口令图标,然后点击所有的口令图标组成的凸多边形范围内的任意一个图标来通过验证。为降低攻击者进行试探性攻击成功的概率,用户可以进行多轮验证。而此种认证方式攻击者就算看到了用户点击的图标,也无法得知用户真正的图标,所以它在抵御肩窥攻击和间谍软件攻击能力上十分突出。但是 CHC 机制的缺点在于:有时会难以确定点击的口令图标是否在凸多边形内,比如口令图标组成的凸多边形过于狭小时,区域内的图标就变得难以选择;而当凸多边形过于大时又会使攻击者的试探性攻击成功概率加大。由此可见,CHC 机制的可用性较差。

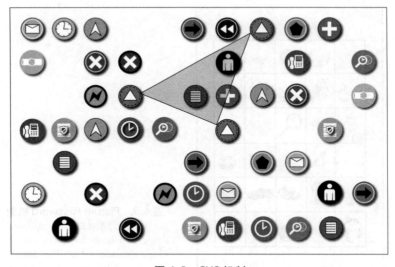

图 4.8 CHC 机制

(来源:WIEDENBECK S,WATERS J, SOBRADO L, et al. Design and evaluation of a shoulder surfing resistant graphical password scheme [C/OL]//CELENTANO A. Proceedings of the working conference on Advanced visual interfaces, AVI 2006, Venezia, Italy, May 23 - 26, 2006. ACM Press, 2006: 177 - 184. https://doi.org/10.1145/1133265.1133303.)

4.1.3　基于绘制的图形口令

　　基于绘制的图形口令机制要求用户在注册时自由绘制一幅图形作为自己的图形口令，在认证时，用户必须通过回忆重新画出相同的图形，否则不能通过验证。在这类机制中，用户可以随意绘制自己喜欢的图形，因此理论口令空间很大，可以有效防止试探性攻击。但是由于用户需要记忆的内容过多，使得用户在认证时发生失误的概率加大，因此这类机制在可用性上还需要更深入的研究。

　　DAS(draw-a-secret)机制是由 Jermyn 等人于 1999 年在 USENIX Security 会议上提出的。[101] 如图 4.9 所示，该机制提供了一个 N×N 的网格画布，用户在注册时需在该画布上绘制一幅图形，而该图形会按用户绘制的顺序将经过的每个网格转化成坐标形成图形口令，用户在

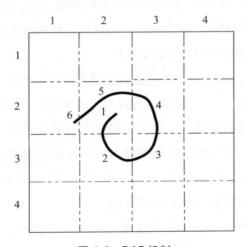

图 4.9　DAS 机制

（来源：JERMYN I，MAYER A J，MONROSE F，et al. The design and analysis of graphical passwords ［C/OL］//TREESE GW. Proceedings of the 8th USENIX Security Symposium，Washington，DC，USA，August 23 – 26，1999. USENIX Association，1999. https://www. usenix. org/conference/8th-usenix-security-symposium/design-and-analysis-graphical-passwords.）

认证时必须按照相同的绘制顺序形成同样的顺序坐标才能验证成功。虽然该机制本身的口令空间很大，但是由于用户在绘制时为了减少记忆的负担会倾向于绘制简单或者对称的口令图形，因此这无形中缩小了 DAS 机制的理论口令空间，从而导致这类机制不能有效地抵御攻击者的猜测攻击。

为了扩大 DAS 机制中供用户选择的口令空间，Dunphy 等人在 2007 年提出了基于 DAS 机制的两种改进版本[102]，分别是 BDAS（background draw-a-secret）机制和 QDAS（qualitative draw-a-secret）机制。BDAS 机制顾名思义是在 DAS 机制的基础上将 N×N 的空白网格画布改成了带有背景图片的网格画布，这样可以在一定程度上引导用户绘制更加复杂的图形，也可以在用户认证时提示用户回忆出自己绘制的口令图形。此处，背景图片的选择又成了影响该机制效用的重要因素。而 QDAS 机制是将网格大小一样的静态画布改成了动态网格画布，同时也采用了更加复杂的编码规则，因此 QDAS 机制的安全性虽然相较 DAS 机制有所提高，还可以有效地防御肩窥攻击，但却在一定程度上增加了用户的记忆负担。

另一种基于 DAS 机制的改进方案是 Hai Tao 等人于 2008 年提出的 Pass-Go 机制[103]。它改进的方式与上述两种方法有所不同，是将口令设置到了网格的交叉点上而不是设置在网格的内部。如图 4.10 所示，它在保留了 DAS 机制优点的同时具有了更好的安全性与可用性。之后 Google 公司在 2008 年时推出一种利用了 Pass-Go 机制的手机解锁方式，并将它应用在 Android 手机上。

而到目前为止，对 DAS 机制做出了最大变革的是 Gao 等人提出的 YAGP（yet another graphical password）机制[104]。如图 4.11 所示，此机制采用了更为精细的绘画网格，建立了新的图形编码方式，创建了趋势象限的思想来记录用户绘图的趋势特征，依据笔画走向对用户图形进行划分，并且采用了计算图形相似度的方法来确定认证的合法

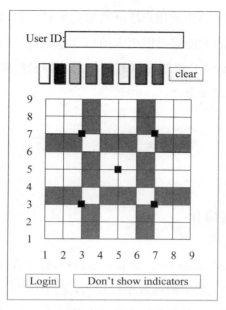

图 4.10　Pass－Go 机制
（来源：HAI T，CARLISLE A. Pass-go：A proposal to improve
the usability of graphical passwords ［J］. International Journal of
Network Security，2008,7.）

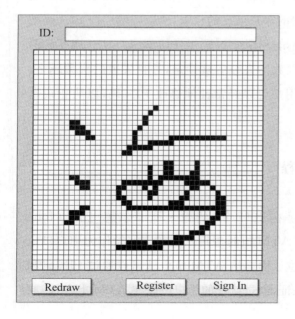

图 4.11　YAGP 机制
（来 源：GAO H，GUO X，
CHEN X，et al. YAGP：yet anoth-
er graphical password strategy ［C/
OL］//Twenty-Fourth Annual Com-
puter Security Applications Confer-
ence，ACSAC 2008，Anaheim，Cal-
ifornia，USA，8 － 12 December
2008. IEEE Computer Society，
2008：121 － 129. https：//doi. org/
10. 1109/ACSAC. 2008. 19.）

性。YAGP 机制不再限制用户绘画图形的绝对位置,使用户体验度有很大的提高。同时它能够提供更大的口令空间,这增加了攻击者的攻击难度。此外,YAGP 机制还具有较好的防御肩窥攻击的效用,因而增加了图形口令的安全性。

4.2　PIN 码

4.2.1　PIN 码简介

PIN(personal identification number)码,即个人识别码。通常,它是一个不少于四位数字的纯数字标识码,是用于保护智能设备免受误用的秘密标识代码。用户在某些设备上可以在已有用户口令的基础上再次设置 PIN 码,作为用户认证的另一种手段。但是 PIN 码只和设备绑定,如果用户换了新的设备,那么原来设置的 PIN 码就会失效。而且 PIN 码并没有修改用户的账户信息的权限,所以即使用户 PIN 码被攻击者盗取,攻击者也并不能利用 PIN 码做任何事情。对于 PIN 码的验证失败,设备将在一定次数的失败后被锁定,并且失败的次数越多,锁定的时间越长。因此,用户可以经常性地修改 PIN 码,以防止攻击者盗取账户。

4.2.2　PIN 码发展历程

PIN 码的最初出现是在 1967 年,约翰·谢菲尔德-巴隆(John Shepherd-Barron)在发明 ATM 机时想用六位数字字符作为用户口令进行认证,PIN 码应运而生。而之后 ATM 机也就可以通过 PIN 码和银行卡实现用户的身份认证,经过认证的用户可以在 ATM 上存钱、取钱等。值得注意的是，PIN 码并没有嵌到银行卡内，所以即使用户的银行卡被盗取，如果攻击者不知道 PIN 码的话，银行账户还是安全的。而且虽然 PIN 码只含有六位数字字符，但是如果持卡人在输入 PIN 码时失败次数达到三次，那么持卡人的银行卡通常就会被锁定，只能去银行柜台人工解锁。

之后 PIN 码被广泛用于手机的 SIM 卡上，作为 SIM 卡的一种保护措施，以防止他人盗用 SIM 卡。当手机上的 PIN 码被开启时，用户在每次开机时都要输入四位的 PIN 码，而每个 SIM 卡的初始 PIN 码都是由 SIM 卡的运营商提供的。如果用户输入 PIN 码的失败次数达到三次，那么用户的 SIM 卡将会被锁定，锁住之后手机屏幕上会提示输入 8 位 PUK 码（解锁码）。PUK 码只有 10 次输入机会，如果输错 PUK 码，SIM 卡将会被永久锁定，相当于报废。所以用户在不知道 PUK 码时可以致电 SIM 卡的运营商询问，得到正确的 PUK 码之后再输入 PUK 码以解锁 SIM 卡。

从 Windows 8 开始，微软开始鼓励用户使用包含至少四位数字字符的 PIN 码来替代用户口令进行认证。与用户口令相比，虽然 PIN 码没有了输入复杂、难以记忆的缺点，开始广泛应用于电脑认证，但是 PIN 码并不能取代用户口令。这是因为 PIN 码只与当前设置 PIN 码的设备有关，如果用户更换了设备，那么用户只能输入用户口令认证新的设备，因此，PIN 码只具有认证当前设备的权限。如果攻击者进行网络攻击获取了用户的 PIN 码，那么攻击者依然不能在设备上通过认证，反之如果用户发现了自己的 PIN 码外泄，可以用用户口令来重置 PIN 码。所以 PIN 码的作用相当于是给用户的用户口令多加了一重安全保障。

4.2.3 PIN 码安全性分析

在中国，用户最常使用的 PIN 码长度是 4 位和 6 位，而在国外，不同地区用户使用的 PIN 码长度不等。在近些年关于 PIN 码安全性的研究中，最具代表性的首先是研究人员在芯片和 PIN 系统背景下对 PIN 码进行的分析。[105-107]他们主要研究了银行客户使用信用卡时创建的 4 位 PIN 码的倾向性，得出了用户喜欢使用（出生）日期和年份的结论。在这一结论的基础上，攻击者可以利用这一倾向性改进猜测策略，因此 Bonneau 等人为了改善这种情况建议使用包含 100 个最受欢迎的 PIN 码的黑名单来拒绝一些 PIN 码的使用，这在一定程度提升了 PIN 码的安全性。但是，Bonneau 等人的研究主要是针对银行卡芯片安全，并不是针对智能手机解锁认证，而且他们的研究数据主要来源于被泄露的口令中的数字序列和没有经过受控实验的 PIN 码。因此，他们的研究中未解决的问题还有很多。

2017 年，Wang 等人对 PIN 码进行了实证分析研究。[106]在研究中，他们比较了中文用户和英文用户创建的 4 位和 6 位 PIN 码，发现即使 PIN 码的长度从 4 位扩展到 6 位，PIN 码抵御在线攻击的能力不仅没有增强，反而有所降低。因此，他们得出了 6 位 PIN 码的安全性并没有比 4 位 PIN 码更好的结论。

之后，Kim 等人在研究中加入了黑名单的因素。[107]他们测试了 4 位 PIN 码和 6 位 PIN 码的黑名单并发现合理大小的黑名单可以增加 PIN 码的安全性。他们还使用了香农熵（shannon entropy）和猜测熵（guessing entropy）作为强度度量标准，比较了占可能 PIN 码空间 2％和 32％的黑名单，发现更大黑名单的香农熵和猜测熵都较低。这种结论的得出可能和 Kim 等人构造的大规模黑名单的具体内容有关。

最后是 Markert 等人所做的关于智能手机解锁的 PIN 码的安全性分析。[108]在此研究中，他们收集了专门用于移动身份验证的新 PIN 码和具有标准 PIN 码布局的智能手机表单。他们的研究从数据来源方面提高了结论的有效性。在关于比较 4 位 PIN 码和 6 位 PIN 码的安全性实验中,他们与 Wang 等人得出的结论相同,6 位 PIN 码在一个速率有限的猜测场景下的安全性甚至会下降。而在关于黑名单大小对 PIN 码安全性的影响实验中,他们得出的结论与 Kim 等人得出的结论不同。他们的结论表明一个较大的黑名单提供的好处要比一个较小的黑名单更多。因此,可以得出合理大小的黑名单确实可以增加 PIN 码安全性的结论。

4.3 新交互模式下的新型口令

人机交互的发展已经从早期的命令形式交互,发展为基于窗口、菜单、图标、指针的可视化图形界面,并向着多通道、多感官、自然化交互的方向发展。[109]同时,技术的发展使得计算机越来越拟人化,出现了触摸交互、语音交互、体感技术、无声语音识别等几种新型交互模式。新交互模式的出现,使得用户口令也发生了新的变化,增加了手势口令、动作口令、脑电波口令等。下面主要介绍两种口令系统:基于 Kinect 的口令系统和基于 EEG 的口令系统。

4.3.1 基于 Kinect 的口令系统

"Kinect"为 Kinetics(动力学)加上 connection(连接)两词所创的新词汇,读音为/kɪnˈɛkt/,于 2009 年 6 月 1 日在 E3 2009 上首次公开,当时的代号是"Projet Natal",意为初生。如图 4.12 所示,Kinect 配备三个镜头,中间的镜头是提供彩色数据流的 RGB 彩色摄像头,左边的红外线发射器和右边的红外线 CMOS 摄像头共同构成了提供深度数据流的 3D 结构光深度感应器。同时 Kinect 下方还内建了阵列式麦克风,由四组麦克风同时收音,生成音频数据流。这三种数据流分别对应了身份识别、骨骼跟踪和语音识别三大功能。

图 4. 12　Kinect 传感器

基于 Kinect 的口令系统主要包括四种认证因子（如果这些因子由用户设置、记忆和复现，也可以作为广义的口令）：手势、动作、人脸和语音。

Kinect 的手势识别主要有三种方式：基于算法的手势识别、基于神经网络的手势识别和基于手势样本库的手势识别。

- **基于算法的手势识别**，其结果必须是一个二值化对象，表示某一手势要么符合预定的手势，要么不符合。使用算法来识别手势是最基本的方法，虽然这种手势识别的代码易于理解、编写、维护和调试，但是它的识别精度低、误判度高，有些难且复杂的手势不能用数学公式完美地表达出来。另外这种方式还有一个缺点——延展性不是很好，不同的手势可能需要分别定制一个算法，随着手势的增多，它的效用相应会下降。
- **基于神经网络的手势识别**，由于神经网络中的神经元可以判断手势的细微移动，所以它可以识别更为复杂的手势，而且它还能解决延展性问题。此外，不同的手势可以共用一个神经元。虽然构建一个神经网络相对困难，而且维护起来较为复杂，但是它的识别精度却会随着细节的完善变得更高。
- **基于手势样本库的手势识别**，其是将未知的手势与手势样本库中的手势进行匹配，它高度依赖机器学习模型。这种方式能比基于神经网络的手势识别更好地处理复杂的手势，但是这种方式的难点是建立一个这样的系统需要大量的样本数据，而且样本库越大,识别精度越高。

Kinect 的人脸识别主要依赖机器学习模型,首先定位人脸,然后提取人脸特征,对人脸图像进行进一步分析,包括脸的位置、大小和各个面部器官的位置信息。依据这些信息,Kinect 进一步提取每个人脸中所蕴含的面部特征,并将其与已知的人脸进行比较,从而识别每个人的身份。人脸识别巧妙地应用了 Kinect 的 3D 结构光深度感应器提供的深度信息,准确地反映了面部的轮廓效果,利用这些信息可以进一步获得更准确的人脸 3D 模型。

在语音识别方面,Kinect 帮助开发人员将基本语音识别算法封装在类库中,开发者可以直接调用 API 来实现强大的语音识别功能。这些库的核心仍然是基于机器学习的相关算法学习训练大量的原始语音,一个完整的语音搜索库可以通过在搜索库中收集测试声音和匹配特征的方式来实现特定语音命令的识别功能。

4.3.2　基于 EEG 的口令系统

脑电波(electroencephalogram,简称"EEG")是大脑中的神经元相互活动产生的电波变化超过一定阈值后形成的,本身无法被肉眼观测,所以人们为了便于研究,将电极贴在研究对象的头皮上来用机器使脑电波有了具体的图像显示,即脑电图。研究表明,脑电波可以即时反映被检测者的生理与思维状态变化[110],因此近些年来,脑电波除了在身份认证与医学方面有了长足的发展,在娱乐与教育方面也有了广泛的应用。

根据人在不同状态下产生的脑电波信号不同这一原理大致可以将脑电波信号分为自发性脑电波和诱发性脑电波信号两类。[110]诱发性脑电波又称事件相关性脑电波(event-related potential,简称"ERP"),它是人体在被外界事件刺激之后大脑处于非正常状态下产生的脑电波。常见的是在视觉刺激下产生的脑电波信号（visual evoked potential，简称"VEP"）。自发性脑电波是人们在处于静息状态下产生的。

研究表明，EEG 信号根据频率的不同主要可以分为四个不同的波段[110]，分别称为 δ 波、θ 波、α 波和 β 波，如图 4.13 所示。δ 波主要对应人在深度睡眠或者处于婴儿时期智力发育不完全的状态时被监测到的波段；θ 波主要对应人的无意识冥想状态，经常伴随着 α 波和 β 波的发生；α 波是人在平静放松的状态时从人的头部后半部监测到的波段，波形主要为圆形或正弦形信号，极少数情况下会呈现锐利的波浪，绝大多数大脑活动都伴随着 α 波的产生；β 波分为低、中、高三种波段，人们在进行正常思维活动时处于低 β 波（14～18 Hz），在触觉和事件发生时处于中 β 波（19～22 Hz），而从噩梦中惊醒或者受到惊吓时处于高 β 波（23～26 Hz）。

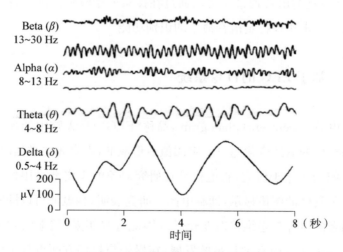

图 4.13　自发性脑电波的典型波形
（来源：SANEI S, CHAMBERS J. EEG signal processing [M/OL]. John Wiley & Sons, 2007. DOI: 10.1002/9780470511923.）

如图 4.14，通过脑电波读取设备，基于 EEG 的口令系统将脑电波作为口令，来识别用户的身份。可是，为什么脑电波能够作为用户进行身份识别的口令呢？过去的研究表明，即使处在相同的外界刺激中，用户在思考相同事件以及思维处于完全停滞的状态时,不同的大脑也会产生不同的脑电波信号,这表明用户的脑电波信号具有独有的特征,即人的脑电波信号具有独一无二的特性。[110] 在压力、紧张、恐慌等不同思想状态下或在不同刺激下的用户,脑电波信号均不同于正常状态。也就是说,人类脑电波信号可以作为一种生物学特征来监测用户思维的异常状态,这些发现为使用脑电波信号识别用户身份提供了可能。此外,与现有的可以进行身份识别的生物特征相比,脑电波信号具有隐蔽性高、抗伪造性强、抗胁迫性强等优点。如果将此特征加入到单一的生物特征识别系统中,将能够极大地提高系统的安全性,有效地防止恶意入侵。由于人的思维状态无法复刻,因此任何手段都无法复制任何人的脑电波信号。同时,脑电波信号在人处于非正常状态下会异常的这一特征可以作为现有的生物特征识别系统中的一种有效的检测手段,以判断是否存在非自愿或被胁迫等情况,从而弥补目前各种生物特征识别系统的不足,并开创改善当前系统安全性的新方向。

图 4.14　一款脑电波读取设备

基于 EEG 的口令系统进行身份识别时首先要做的是通过一些物理设备采集用户的脑电波,再对采集到的脑电波进行预处理,即去噪。脑电波在采集时会受到自身产生的噪声和环境噪声的强烈干扰,用户自身产生的噪声可能有眨眼时产生的眼动电信号、口腔运动时产生的肌肉电信号等。因此去噪效果的好坏会对用户后续的身份识别产生极大的影响。

在去噪之后，系统会对分离出来的脑电波信号进行特征提取，然后再从提取出来的原始特征中挑选出最有效的特征，将脑电波信号用算法分类。最后用分类后的脑电波信号进行训练来识别用户的身份。

虽然在以往的研究中不乏有研究者对人的脑电波信号进行探索，但第一次将脑电波信号运用到身份识别上的是 Poulos 等人[111]的研究。他们主要研究的是自发性的脑电波信号，使用了快速傅里叶变换算法（fast Fourier transform，简称"FFT"）频谱作为特征、神经网络作为分类器，对包含四个人的数据库进行实验，准确率在 80%～100%。随后他们又在上述实验的基础上引用了自回归模型（autoregressive model，简称"AR 模型"）参数作为特征，用学习矢量量化算法（learning vector quantization，简称"LVQ"）对同样的数据库进行分类与实验，得到了 72%～84%的准确率[112]。

之后，Paranjape 等人[113]在研究中使用了 Lattice Equivalent Model 和 Levinson Recursion 方法快速地为单个 EEG 轨迹开发 3～21 阶的 AR 模型，然后采用了判别分析的方法对 40 个人在放松状态下睁眼闭眼两种情况下的脑电波信号进行分析，并且对比了在不同阶 AR 模型下对 40 个人进行身份识别的识别准确率。实验发现 12 阶以下的识别准确率随着阶数的增长而增长，12 阶以上的 AR 模型的识别准确率趋于稳定，最高可达 85%。可以看出，他们构建的模型的识别准确率并不是很高，主要原因在于他们一共采集了八个电极的脑电波信号，而在实验中却只使用了一个电极的数据进行分析。

与他们的研究不同的是，Hema 等人[114]是从六个实验对象身上提取了在三种不同的思想活动（放松、阅读和算乘法）下产生的脑电波信号，并且用 Welch 算法提取了功率谱密度（power spectral density，简称"PSD"）作为特征，然后使用了前向反馈神经网络对得到的数据进行分类,在此次试验中平均最高识别准确率达到了 97.5%。这表明脑电波信号完全具备作为生物特征进行身份识别的资格,并且它可以用极少的电极采集到的信号获得极高的识别准确率。

上述的研究基本都是基于 AR 模型的特征提取,而 Miyamoto 等人[115]另辟蹊径将功率谱方差与功率谱密度融合作为特征向量。虽然对 23 个人的数据进行实验得到的识别准确率只有 79%,但是这种特征的提取却不需要进行繁重的计算,而且还可以将其他的统计特征添加到特征向量中,所以在后续研究中识别准确率可能会有较大的提高。

基于脑电波信号的身份识别在以往的研究中有一个致命的缺陷:脑电波信号的采集步骤较为烦琐,且对采集设备和环境的要求较为苛刻,因此对脑电波身份识别的研究在之后的一段时间内处于停滞的状态。但是后来随着科技的发展,脑电波的采集设备更为便携,且用干电极替换了导电胶,这使得脑电波信号的采集变得简单,促进了脑电波身份识别技术的进步。其中 Su 等人在 2010 年对脑电波身份识别的研究中证明了便携式设备记录的脑电波信号可以进行个人身份识别[116],并且将数据库扩大到了 40 人。他们在研究中使用了 AR 模型系数和 PSD 作为特征,采用 k 最近邻算法(k-nearest neighbor,简称"k-NN")作为分类器,准确率达到了 97.5%。但是这项研究中使用的 k-NN 分类器本身存在缺陷:计算开销大且需要大量的存储空间,而且它每次返回的是离测试样本最近的一个结果,所以无法判断样本是否在集合内,因此不适用于开集(open set)场景。

而周黄玲[117]针对 k-NN 分类器面向开集场景的不足之处设计了一个基于支持向量机(support vector machine,简称"SVM")的开集身份识别系统。该系统不仅使用了 AR 模型参数和 PSD 作为特征,而且还将希尔伯特-黄变换(Hilbert-Huang transform,简称"HHT")特征也应用到了系统中。在分类时,该系统使用了 SVM 分类器和基于稀疏表示的分类器,使其可以在开集的情况下使用,并且识别准确率基本与同样数据下的 k-NN 识别准确率相当。另外，周黄玲在研究中还构建了一个指纹与脑电波融合的多模态身份识别系统，相比使用单一的生物特征进行身份识别的系统，多模态身份识别系统具有更高的安全性。

但是，上述研究都没有考虑到生理因素对身份识别准确率的影响。Su 等人[118]在 2010 年的研究中，评估了饮食和昼夜节律因素对身份识别准确率的影响，并发现不规律的饮食和昼夜节律确实会在一定程度上降低基于脑电波的身份识别的准确率。这是第一次定量评估饮食因素对识别准确率的影响，也为往后如何在实际系统构建中建立基准训练集提供了宝贵的经验。

4.4　多因子认证方法

多因子认证（multi-factor authentication，简称"MFA"）是一种计算机访问控制的方法，即用户要通过两种以上的认证机制后才能获得授权进入计算机系统。譬如用户输入口令、令牌（token）后，还要再经过指纹比对，才能获得使用权限。

在当下这个算力飞速发展的时代，单因子身份认证方式存在极高的安全风险。而有了多因子认证，即便攻击者成功破解出单一因子口令，用户的信息仍然可以得到有效保护。多因子认证的解决方案可以更好地保护用户凭证。总的来说，单一机制的身份认证带来的局限性越来越明显，多因子认证正在成为新趋势。每种 MFA 的方法都有其优缺点，当人们选择 MFA 解决方案时需要考虑 MFA 方法的安全程度、用户的风险等级和平衡用户可用性等问题。

本节将介绍一些常见的用于组合实现多因子认证方法的认证因子。

4.4.1　硬件令牌

硬件令牌是当今 MFA 方法中的主流,譬如网上银行所使用的网银 U 盾和口令卡等。该硬件本身可以保护内部唯一密钥。该方法虽然安全,但极大地降低了用户可用性,用户需要随身携带额外设备,同时某些硬件令牌需要 USB 接口连接。

USB key 是一种被广泛使用的硬件令牌,也是一种要求 USB 接口的硬件设备。它使用内置芯片存储数字证书、私钥和基于 PKI(public key infrastructure)体系的解决方案。在网上银行应用中,交易数据受到 USB key 的保护。

IC 卡(integrated circuit card)是一种集成电路芯片,也称智能卡,存有与用户身份相关的数据。智能卡由专门的设备生产,是不可复制的硬件,譬如金融 IC 卡、银行卡等银行系列产品应用。虽然 IC 卡利用硬件不可复制的特性来保证用户身份不会被仿冒,但是 IC 卡本身也不是完全安全的,攻击者通过内存扫描等攻击技术还是可以窃取到用户的身份验证信息。

4.4.2　数字证书

数字证书是由可信的第三方机构签发的、在互联网上用于身份验证的权威性电子文档,可以在通讯中用来证明身份。以数字证书为核心的加密技术可以支持网络传输信息的加密解密、数字签名和签名验证,以确保信息的完整性、机密性。数字证书通常会与硬件令牌结合,也即数字证书会存储到随身携带的硬件中,在身份认证过程中,作为重要的认证因子向服务器端证明用户的身份。数字证书也可以存储在硬盘中,不过这种部署很容易被攻击者盗取证书,进而破坏基于数字证书的身份认证机制。

数字证书广泛应用于电子邮件发送、证券交易、网络购物等安全电子事务处理和安全电子交易活动。使用了数字证书后，即使发送的信息在网上被他人截获，甚至在用户丢失个人的账户、口令等信息的情况下，仍可以保障账户资金安全。

4.4.3　生物认证因子

生物特征因为具有唯一性，而在身份鉴定中被大多数研究人员推崇。用生物特征进行身份认证的方式称为基于生物识别技术的认证。常用于生物识别的生物特征有指纹、虹膜、视网膜、人脸等。基于这些特征，人们已经开发了指纹识别、人脸识别等多种生物识别技术，并做了广泛的部署。

以人脸识别为例，在实际的商业化方案中，被广泛使用的方法是，首先基于人脸检测技术快速锁定人脸区域，再根据红外热成像将人脸的热辐射红外线特定波段信号转换成人类肉眼可辨的图像和图形，最后对人脸进行特征提取，即面部特征所组成的信息集。人脸识别算法利用卷积神经网络对海量人脸图片进行学习，从图像中提取不同人脸的特征向量，每张人脸在算法中都有一组对应的特征值，最后再通过人脸比对技术利用深度学习模型提取出的人脸特征向量进行相似度比对，在一定阈值内相似即可通过校验。

生物认证因子由于其便携性、不可篡改性等优点，在当前已被公众广泛接受，但也存在着大量争议，特别是伦理方面的争议。这使得研究人员正在考虑如何规范人脸识别等生物特征识别和认证技术在社会中的应用。

4.4.4　一次性短信验证码

一次性验证码（one-time password，简称"OTP"）也被称为动态口令，是根据算法生成的随机字符组合。它是一种安全便捷的认证方式，用户无需定期修改口令，安全省心。一次性短信验证码（short message service one-time password，简称"SMS OTP"）大多采用短信作为一个身份验证因子，即向用户手机发送随机的一串数字（通常为 6 位或者 4 位）。理论上只有持有手机的用户才能通过验证。尽管该认证方法简单高效，但已有多种方法证实可以利用电话网络不加密短信的弱点，拦截携带有一次性验证码的短信。

一次性短信验证码的验证方式是通过前后端提交 token 参数进行校验。客户端请求发送短信，向服务端提供一个 token 参数，服务端对这个 token 参数进行校验，校验通过后，再向请求发送短信的接口（用户手机）发送短信。同时客户端从发送验证码开始会进行时间计数，在该时间内，用户无法提交多次请求，这个次数的限制降低了攻击者成功破解验证码的概率。

4.4.5　基于推送和二维码的令牌

基于推送的令牌是通过推送消息到用户手机的特定 App 上，用户打开便可得到加密信息，然后选择同意或拒绝验证。如果同意，那么用户手机 App 端会生成一个 OTP，然后发回到服务端验证使用。基于二维码的令牌推送的消息是二维码，该二维码可以离线传输，从而避免基于推送的令牌需要数据连接的问题。

4.5 快速的在线身份认证服务——FIDO

快速的在线身份认证服务（fast identity online，简称"FIDO"）
①旨在满足当前互联网安全服务需求和实现网上安全便捷的身份认证
而设计的一组安全机制，包含通用认证框架（universal authentication
framework，简称"UAF"）和通用第二因子（universal 2nd factor，简称
"U2F"）两套机制。2012 年，六家公司（PayPal、Lenovo、Nok Nok
Labs、Validity Sensors②、Infineon、Agnitio）成立 FIDO 联盟，旨在为
当前的计算机系统解决由于口令带来的烦恼，为用户实现无处不在的
无口令认证。FIDO 的核心机制是借助广泛部署于客户端的可信硬件
（或者组件），实现用户向可信硬件验证身份，后由认证通过的可信硬件
自动实现与各类互联网服务的安全认证。第一阶段的认证过程通常基
于生物识别技术，如指纹、人脸；而第二阶段的认证过程基于 PKI 体
系。这里所面临最困难的问题是，如何设计用于终端的可信硬件，以及
如何将这些可信硬件广泛地部署到终端，也即泛在的可信模块问题。
此外，浏览器如何通过标准接口调用这些可信硬件，并与尽可能多的互
联网服务实现无缝集成的身份认证，则是 FIDO 部署所面临的第二个
难题，也即标准化问题。

随着移动互联网技术的发展和应用的普及，在移动端部署 FIDO
成当前认证技术发展的主要趋势。在可信硬件设计和部署问题的解决
方面，由于移动终端通常会安装可信硬件和生物识别装置，部署 FIDO
变得较为容易。而在个人电脑部署可信硬件和生物识别装置较为困

---

① 参见 https://www.w3.org/2019/03/pressrelease-webauthn-rec.html.en? msclkid =
fbafd2d3a6a611eca12964fdb9b084ed。
② 2013 年，Validity Sensors 被 Synaptics 收购。

难,通常需要额外配置硬件。在标准化问题的解决方面,2018 年 4 月,
FIDO 联盟和 W3C 联盟在基于 Web 的"强身份认证"(stronger
authentication)上取得了重要突破。通过标准 Web API——
WebAuthn,Web 应用开发者可以方便地调用 FIDO,从而实现基于生
物特征的安全、快速的在线身份认证服务。注意,WebAuthn 是用来
(在部分场景)替代基于用户口令的身份认证技术,但不是用来替换
第 3.9 节描述的 OAuth 机制的。实际上,WebAuthn 和 OAuth 两者
可以很好地合作,以实现互联网上更便捷和安全的用户身份认证。

参考文献

［1］ HAN W，LI Z，NI M，et al. Shadow attacks based on password reuses：A quantitative empirical analysis ［J/OL］. IEEE Trans. Dependable Secur. Comput. ，2018，15（2）：309 - 320. https：//doi. org/10. 1109/TDSC. 2016. 2568187.

［2］ DAS A，BONNEAU J，CAESAR M，et al. The tangled web of password reuse ［C/OL］//21st Annual Network and Distributed System Security Symposium，NDSS 2014，San Diego，California，USA，February 23 - 26,2014. The Internet Society，2014. https://www. ndss-symposium. org/ndss2014/tangled-web-password-reuse.

［3］ WANG D，ZHANG Z，WANG P，et al. Targeted online password guessing：An underestimated threat ［ C/OL ］//WEIPPL E R，KATZENBEISSER S，KRUEGEL C，et al. Proceedings of the 2016 ACM SIGSAC Conference on Computer and Communications Security，Vienna，Austria，October 24 - 28,2016. ACM，2016：1242 - 1254. https：//doi. org/10. 1145/2976749. 2978339.

［4］ LI Z，HAN W，XU W. A large-scale empirical analysis of chinese web passwords［C/OL］//FU K，JUNG J. Proceedings of the 23rd USENIX Security Symposium，San Diego，CA，USA，August 20 - 22,2014. USENIX Association，2014：559 - 574. https://www. usenix. org/conference/usenixsecurity14/technical-sessions/presentation/lizhigong.

［5］ 刘功申,邱卫东,孟魁,等. 基于真实数据挖掘的口令脆弱性评估及恢复［J］. 计算机学报,2016,38(3)：454 - 467.

［6］ HAN W，LI Z，YUAN L，et al. Regional patterns and vulnerability analysis of Chinese web passwords ［J/OL］. IEEE Trans. Information

Forensics and Security, 2016, 11（2）: 258 – 272. https://doi. org/10. 1109/TIFS. 2015. 2490620.

[7] JI S, YANG S, HU X, et al. Zero-sum password cracking game: A large-scale empirical study on the crackability, correlation, and security of passwords [J/OL]. IEEE Trans. Dependable Secur. Comput. , 2017, 14(5): 550 – 564. https://doi. org/10. 1109/TDSC. 2015. 2481884.

[8] LI Y, WANG H, SUN K. A study of personal information in human-chosen passwords and its security implications [C/OL]//35th Annual IEEE International Conference on Computer Communications, INFOCOM 2016, San Francisco, CA, USA, April 10 – 14,2016. IEEE, 2016: 1 – 9. https://doi. org/10. 1109/INFOCOM. 2016. 7524583.

[9] WANG D, WANG P, HE D, et al. Birthday, name and bifacial-security: Understanding passwords of chinese web users [C/OL]// HENINGER N, TRAYNOR P. 28th USENIX Security Symposium, USENIX Security 2019, Santa Clara, CA, USA, August 14 – 16, 2019. USENIX Association, 2019: 1537 – 1555. https://www. usenix. org/conference/usenixsecurity19/presentation/wang-ding.

[10] ZHANG H, WANG C, RUAN W, et al. Digit semantics based optimization for practical password cracking tools [C/OL]//ACSAC ' 21: Annual Computer Security Applications Conference, Virtual Event, USA, December 6 – 10,2021. ACM, 2021: 513 – 527. https://doi. org/10. 1145/3485832. 3488025.

[11] XU M, WANG C, YU J, et al. Chunk-level password guessing: Towards modeling refined password composition representations [C/OL]//KIM Y, KIM J, VIGNA G, et al. CCS '21: 2021 ACM SIGSAC Conference on Computer and Communications Security, Virtual Event, Republic of Korea, November 15 – 19, 2021. ACM, 2021: 5 – 20. https://doi. org/10. 1145/3460120. 3484743.

[12] MALONE D, MAHER K. Investigating the distribution of password choices [C/OL]//MILLE A, GANDON F L, MISSELIS J, et al. Proceedings of the 21st World Wide Web Conference 2012, WWW 2012, Lyon, France, April 16 – 20, 2012. ACM, 2012: 301 – 310. https://doi. org/10. 1145/2187836. 2187878.

[13] WANG D, CHENG H, WANG P, et al. Zipf's law in passwords [J/OL]. IEEE Trans. Inf. Forensics Secur. , 2017, 12（11）: 2776 – 2791. https://doi. org/10. 1109/TIFS. 2017. 2721359.

[14] BONNEAU J, SCHECHTER S. Towards reliable storage of 56 - bit secrets in human memory [C]//FU K, JUNG J. Proceedings of the 23rd USENIX Security Symposium, San Diego, CA, USA, August 20 - 22, 2014. USENIX Association, 2014: 607 - 623.

[15] HAN W, CAO Y, BERTINO E, et al. Using automated individual white-list to protect web digital identities [J/OL]. Expert Syst. Appl. , 2012, 39 (15): 11861 - 11869. https://doi.org/10.1016/j.eswa.2012. 02.020.

[16] CAO Y, HAN W, LE Y. Anti-phishing based on automated individual white-list [C/OL]//BERTINO E, TAKAHASHI K. Proceedings of the 4th Workshop on Digital Identity Management, Alexandria, VA, USA, October 31,2008. ACM, 2008: 51 - 60. https://doi.org/10.1145/1456 424.1456434.

[17] 陈晓杰,周清雷,李斌. 基于 FPGA 的 7 - Zip 加密文档高能效口令恢复方法[J]. 计算机科学,2020,47(1): 321 - 328.

[18] ZHANG Y, MONROSE F, REITER M K. The security of modern password expiration: an algorithmic framework and empirical analysis [C/OL]//AL-SHAER E, KEROMYTIS A D, SHMATIKOV V. Proceedings of the 17th ACM Conference on Computer and Communications Security, CCS 2010, Chicago, Illinois, USA, October 4 - 8,2010. ACM, 2010: 176 - 186. https://doi.org/10.1145/1866307. 1866328.

[19] WEIR M, AGGARWAL S, DE MEDEIROS B, et al. Password cracking using probabilistic context-free grammars [C/OL]//30th IEEE Symposium on Security and Privacy (S&P2009), 17 - 20 May 2009, Oakland, California, USA. IEEE Computer Society, 2009: 391 - 405. https://doi.org/10.1109/SP.2009.8.

[20] MA J, YANG W, LUO M, et al. A study of probabilistic password models [C/OL]//2014 IEEE Symposium on Security and Privacy, SP 2014, Berkeley, CA, USA, May 18 - 21,2014. IEEE Computer Society, 2014: 689 - 704. https://doi.org/10.1109/SP.2014.50.

[21] VERAS R, COLLINS C, THORPE J. On semantic patterns of passwords and their security impact [C/OL]//21st Annual Network and Distributed System Security Symposium, NDSS 2014, San Diego, California, USA, February 23 - 26, 2014. The Internet Society, 2014. https://www.ndss-symposium.org/ndss2014/semantic-patterns-

passwords-and-their-security-impact.

[22] HOUSHMAND S, AGGARWAL S, FLOOD R. Next gen PCFG password cracking [J/OL]. IEEE Trans. Inf. Forensics Secur. , 2015, 10(8): 1776 – 1791. https://doi.org/10. 1109/TIFS. 2015. 2428671.

[23] POLI R, Healy M, Kameas A. Theory and applications of ontology: Computer applications [M]. [S. l.]: Springer Dordrecht, 2010.

[24] NARAYANAN A, SHMATIKOV V. Fast dictionary attacks on passwords using timespace tradeoff [C/OL]//ATLURI V, MEADOWS C A, JUELS A. Proceedings of the 12th ACM Conference on Computer and Communications Security, CCS 2005, Alexandria, VA, USA, November 7 – 11, 2005. ACM, 2005: 364 – 372. https://doi. org/ 10. 1145/110212 0. 1102168.

[25] DÜRMUTH M, ANGELSTORF F, CASTELLUCCIA C, et al. OMEN: faster password guessing using an ordered markov enumerator [C/OL]//PIESSENS F, CABALLERO J, BIELOVA N. Lecture Notes in Computer Science: volume 8978 Engineering Secure Software and Systems – 7th International Symposium, ESSoS 2015, Milan, Italy, March 4 – 6, 2015. Proceedings. Springer, 2015: 119 – 132. https:// doi. org/10. 1007/978-3-319-15 618-710.

[26] MELICHER W, UR B, SEGRETI S M, et al. Fast, lean, and accurate: Modeling password guessability using neural networks [C/ OL]//HOLZ T, SAVAGE S. 25th USENIX Security Symposium, USENIX Security 16, Austin, TX, USA, August 10 – 12, 2016. USENIX Association, 2016: 175 – 191. https://www. usenix. org/confer ence/usenixsecurity16/technical-sessions/presentation/melicher.

[27] YOSINSKI J, CLUNE J, BENGIO Y, et al. How transferable are features in deep neural networks? [C/OL]//GHAHRAMANI Z, WELLING M, CORTES C, et al. Advances in Neural Information Processing Systems 27: Annual Conference on Neural Information Processing Systems 2014, December 8 – 13 2014, Montreal, Quebec, Canada. 2014: 33203328. http://papers. nips. cc/paper/5347-how-trans ferable-are-features-in-deep-neural-networks.

[28] GRAVES A. Generating sequences with recurrent neural networks [J/ OL]. CoRR, 2013, abs/1308. 0850. http://arxiv. org/abs/1308. 0850.

[29] SUTSKEVER I, MARTENS J, HINTON G E. Generating text with recurrent neural networks [C/OL]//GETOOR L, SCHEFFER T.

Proceedings of the 28th International Conference on Machine Learning，ICML 2011，Bellevue，Washington，USA，June 28 July 2，2011. Omnipress，2011：1017 - 1024. https://icml. cc/2011/papers/524icmlpaper. pdf.

[30] CASTELLUCCIA C，DÜRMUTH M，PERITO D. Adaptive password-strength meters from markov models [C/OL]//19th Annual Network and Distributed System Security Symposium，NDSS 2012，San Diego，California，USA，February 5 - 8，2012. The Internet Society，2012. https://www. ndss-symposium. org/ndss2012/adaptive-password-strength-meters-markov-models.

[31] 于旭,杨静,谢志强. 虚拟样本生成技术研究[J]. 计算机科学,2011,38(3)：16 - 19.

[32] 韩伟力,袁琅,李思斯,等. 一种基于样本的模拟口令集生成算法[J]. 计算机学报,2017,40(5)：1151 - 1167.

[33] WANG D，HE D，CHENG H，et al. fuzzyPSM：A new password strength meter using fuzzy probabilistic context-free grammars [C/OL]//46th Annual IEEE/IFIP International Conference on Dependable Systems and Networks，DSN 2016，Toulouse，France，June 28 - July 1，2016. IEEE Computer Society，2016：595 - 606. https://doi. org/10. 1109/DS N. 2016. 60.

[34] GOODFELLOW I J，POUGET-ABADIE J，MIRZA M，et al. Generative adversarial nets [C/OL]//GHAHRAMANI Z，WELLING M，CORTES C，et al. Advances in Neural Information Processing Systems 27：Annual Conference on Neural Information Processing Systems 2014，December 8 - 13 2014，Montreal，Quebec，Canada. 2014：2672 - 2680. http://papers. nips. cc/paper/5423-generative-adversarial-nets.

[35] HITAJ B，GASTI P，ATENIESE G，et al. Passgan：A deep learning approach for password guessing [C/OL]//DENG R H，GAUTHIER-UMAÑA V，OCHOA M，et al. Lecture Notesin Computer Science：volume 11464 Applied Cryptographyand Network Security - 17th International Conference，ACNS 2019，Bogota，Colombia，June 5 - 7，2019，Proceedings. Springer，2019：217 - 237. https://doi. org/10. 1007/978-3-030-21568-211.

[36] PASQUINI D，GANGWAL A，ATENIESE G，et al. Improving password guessing via representation learning [C/OL]//2021 IEEE

Symposium on Security and Privacy (SP). 2021: 1382 - 1399. DOI:10. 1109/SP40001.2021.00016.

[37] BENGIO Y, COURVILLE A C, VINCENT P. Representation learning: A review and new perspectives [J/OL]. IEEE Trans. Pattern Anal. Mach. Intell. , 2013, 35(8): 1798 - 1828. https://doi.org/ 10.1109/TPAMI.2013.50.

[38] TOLSTIKHIN I O, BOUSQUET O, GELLY S, et al. Wasserstein auto-encoders [J/OL]. CoRR, 2017, abs/1711.01558. http://arxiv.or g/abs/1711.01558.

[39] SUGIYAMA M, KRAULEDAT M, MÜLLER K R. Covariate shift adaptation by importance weighted cross validation [J]. Journal of Machine Learning Research, 2007, 8(35): 985 - 1005.

[40] SHI R, ZHOU Y, LI Y, et al. Understanding offline password-cracking methods: A large-scale empirical study [J/OL]. Secur. Commun. Networks, 2021, 2021: 5563884: 1 - 5563884: 16. https://doi.org/ 10.1155/2021/5563884.

[41] 韩伟力,张俊杰,徐铭,等. 参数化混合口令猜测方法[J/OL]. 计算机研究 与发展: 1 - 14. http://kns.cnki.net/kcms/detail/11.1777.TP. 20220311.1336.005.html.

[42] UR B, SEGRETI S M, BAUER L, et al. Measuring real-world accuracies and biases in modeling password guessability [C/OL]//JUNG J, HOLZ T. 24th USENIX Security Symposium, USENIX Security 15, Washington, D.C., USA, August 12-14,2015. USENIX Association, 2015: 463 - 481. https://www.usenix.org/conference/usenixsecurity15/ technical-sessions/presentation/ur.

[43] 俞宋骁凯. 探究超级计算机的原理及应用[J]. 通讯世界,2019,26(4): 105 - 106.

[44] 任必晋. 口令恢复在神威太湖之光上的优化与实现[D]. 郑州:郑州大学 硕士学位论文,2020.

[45] 张冬芳,管磊,戴晓苗,等. 基于异构计算集群的密码口令破解系统设计 与实现[J]. 网络空间安全,2019,10(6): 95 - 101.

[46] 冯峰,周清雷,李斌. 基于多核 FPGA 的 HMAC - SHA1 口令恢复[J]. 计 算机工程与科学,2020,42(10): 1859 - 1868.

[47] 谭健. 基于拟态计算机的全流水架构 MD5 算法及口令恢复研究[D]. 郑 州:郑州大学硕士学位论文,2017.

[48] 李斌,周清雷,斯雪明. 一种新型的混合异构口令恢复系统[J]. 计算机学

报,2018,41(12)：2804 – 2822.

[49] BONNEAU J, HERLEY C, VAN OORSCHOT P C, et al. The quest to replace passwords: A framework for comparative evaluation of web authentication schemes [C/OL]//IEEE Symposium on Security and Privacy, SP 2012, 21 – 23 May 2012, San Francisco, California, USA. IEEE Computer Society, 2012: 553 – 567. https://doi. org/ 10. 1109/SP. 2012. 44.

[50] HERLEY C, VAN OORSCHOT P C. A research agenda acknowledging the persistence of passwords [J/OL]. IEEE Secur. Priv. , 2012,10(1): 28 – 36. https://doi. org/10. 1109/MSP. 2011. 150.

[51] YAN J J, BLACKWELL A F, ANDERSON R J, et al. Password memorability and security: Empirical results [J/OL]. IEEE Secur. Priv. , 2004,2(5): 25 – 31. https://doi. org/10. 1109/MSP. 2004. 81.

[52] YANG W, LI N, CHOWDHURY O, et al. An empirical study of mnemonic sentencebased password generation strategies [C/OL]// Proceedings of the 2016 ACM SIGSAC Conference on Computer and Communications Security, Vienna, Austria, October 24 – 28, 2016. 2016: 1216 – 1229. DOI: 10. 1145/2976749. 2978346.

[53] JEYARAMAN S, TOPKARA U. Have the cake and eat it too-infusing usability into text-password based authentication systems [C/OL]//21st Annual Computer Security Applications Conference (ACSAC 2005), 5 – 9 December 2005, Tucson, AZ, USA. IEEE Computer Society, 2005: 473 – 482. https://doi. org/10. 1109/CSAC. 2005. 28.

[54] CASTELLUCCIA C, DÜRMUTH M, PERITO D. Adaptive password-strength meters from markov models [C]//NDSS. [S. l. : s. n.], 2012.

[55] UR B, ALFIERI F, AUNG M, et al. Design and evaluation of a data-driven password meter [C/OL]//MARK G, FUSSELL S R, LAMPE C, et al. Proceedings of the 2017 CHI Conference on Human Factors in Computing Systems, Denver, CO, USA, May 06 – 11, 2017. ACM, 2017: 3775 – 3786. https://doi. org/10. 1145/3025453. 3026050.

[56] XU M, HAN W. An explainable password strength meter addon via textual pattern recognition [J/OL]. Secur. Commun. Networks, 2019, 2019: 5184643: 1 – 5184643: 10. https://doi. org/10. 1155/2019/5184643.

[57] WHEELER D L. zxcvbn: Low-budget password strength estimation [C/OL]//HOLZ T, SAVAGE S. 25th USENIX Security Symposium,

USENIX Security 16, Austin, TX, USA, August 10 - 12, 2016. USENIX Association, 2016: 157 - 173. https://www. usenix. org/ conference/usenixsecurity16/technical-sessions/presentation/wheeler.

[58] PAL B, DANIEL T, CHATTERJEE R, et al. Beyond credential stuffing: Password similarity models using neural networks [C/OL]// 2019 IEEE Symposium on Security and Privacy, SP 2019, San Francisco, CA, USA, May 19 - 23, 2019. IEEE, 2019: 417 - 434. https://doi. org/10. 1109/SP. 2019. 00056.

[59] BLOCKI J, DATTA A, BONNEAU J. Differentially private password frequency lists [C/OL]//23rd Annual Networkand Distributed SystemSecurity Symposium, NDSS 2016, San Diego, California, USA, February 21 - 24, 2016. The Internet Society, 2016. http://wp. internetsociety. org/ndss/wp-content/uploads/sites/25/2017/09/differen tially-privatepassword-frequency-lists. pdf.

[60] NAOR M, PINKAS B, RONEN E. How to (not) share a password: Privacy preserving protocols for finding heavy hitters with adversarial behavior [C/OL]//CAVALLARO L, KINDER J, WANG X, et al. Proceedings of the 2019 ACM SIGSAC Conference on Computer and Communications Security, CCS 2019, London, UK, November 11 - 15, 2019. ACM, 2019: 1369 - 1386. https://doi. org/10. 1145/3319535. 3363204.

[61] GRASSI P A, E. GARCIA M, L. FENTON J. NIST special publication 800 - 63 - 3 digital identity guidelines [EB/OL]. 2017. https:// pages. nist. gov/800 - 63 - 3/.

[62] HAN W, XU M, ZHANG J, et al. *TransPCFG*: Transferring the grammars from short passwords to guess long passwords effectively[J/ OL]. IEEE Transactions on Information Forensics and Security, 2021, 16: 451 - 465. DOI: 10. 1109/TIFS. 2020. 3003696.

[63] ADAMS A, SASSE M A. Users are not the enemy [J/OL]. Commun. ACM, 1999, 42 (12): 40 - 46. https://doi. org/10. 1145/ 322796. 322806.

[64] KIESEL J, STEIN B, LUCKS S. A large-scale analysis of the mnemonic password advice [C/OL]//24th Annual Network and Distributed System Security Symposium, NDSS 2017, San Diego, California, USA, February 26 - March 1, 2017. The Internet Society, 2017. https://www. ndss-symposium. org/ndss2017/ndss-2017-program me/large-scale-analysis-mnemonic-password-advice/.

［65］ KUO C, ROMANOSKY S, CRANOR L F. Human selection of mnemonic phrasebased passwords ［C/OL］//SOUPS '06: Proceedings of the Second Symposium on Usable Privacy and Security. New York, NY, USA: Association for Computing Machinery, 2006: 67 - 78. https://doi.org/10.1145/1143120.1143129.

［66］ SCHNEIER B. Choosing secure passwords. ［EB/OL］. 2014. https://www.schneier.com/blog/archives/2014/03/choosingsecure1.html.

［67］ TAN J, BAUER L, CHRISTIN N, et al. Practical recommendations for stronger, more usable passwords combining minimum-strength, minimum-length, and blocklist requirements ［C/OL］//CCS '20: Proceedings of the 2020 ACM SIGSAC Conference on Computer and Communications Security. New York, NY, USA: Association for Computing Machinery, 2020: 1407 - 1426. https://doi.org/10.1145/3372297.3417882.

［68］ WOO S S. How do we create a fantabulous password? ［M/OL］. New York, NY, USA: Association for Computing Machinery, 2020: 1491 - 1501. https://doi.org/10.1145/3366 423.3380222.

［69］ ALLBERY B. pwgen: random but pronounceable password generator ［Z］. ［S.l.; s.n.］, 1988.

［70］ GASSER M. A random word generator for pronounceable passwords ［R］. ［S.l.］: DTIC Document, 1975.

［71］ DE CARNÉ DE CARNAVALET X, MANNAN M. From very weak to very strong: Analyzing password-strength meters ［C/OL］//21st Annual Network and Distributed System Security Symposium, NDSS 2014, San Diego, California, USA, February 23 - 26,2014. The Internet Society, 2014. https://www.ndss-symposium.org/ndss2014/very-weak-very-strong-analyzing-password-strength-meters.

［72］ BONNEAU J. The science of guessing: Analyzing an anonymized corpus of 70 million passwords ［C/OL］//IEEE Symposium on Security and Privacy, SP 2012, 21 - 23 May 2012, San Francisco, California, USA. IEEE Computer Society, 2012: 538 - 552. https://doi.org/10.1109/SP.2012.49.

［73］ DELL' AMICO M, FILIPPONE M. Monte Carlo strength evaluation: Fast and reliable password checking ［C/OL］//RAY I, LI N, KRUEGEL C. Proceedings of the 22nd ACM SIGSAC Conference on Computer and Communications Security, Denver, CO, USA, October

12 - 16, 2015. ACM, 2015: 158 - 169. https://doi. org/10. 1145/2810103. 2813631.

[74] WEIR M, AGGARWAL S, COLLINS M P, et al. Testing metrics for password creation policies by attacking large sets of revealed passwords [C/OL]//AL-SHAER E, KEROMYTIS A D, SHMATIKOV V. Proceedings of the 17th ACM Conference on Computer and Communications Security, CCS 2010, Chicago, Illinois, USA, October 4 - 8,2010. ACM, 2010: 162 - 175. https://doi.org/10.1145/1866307.1866327.

[75] KOMANDURI S, SHAY R, CRANOR L F, et al. Telepathwords: Preventing weak passwords by reading users' minds [C/OL]//FU K, JUNG J. Proceedings of the 23rd USENIX Security Symposium, San Diego, CA, USA, August 20 - 22,2014. USENIX Association, 2014: 591 - 606. https://www. usenix. org/conference/usenixsecurity14/technical-sessions/presentation/komanduri.

[76] DUNCAN F G. Implementation of ALGOL 60 for the english electric KDF9[J/OL]. Comput. J. , 1962,5(2): 130 - 132. https://doi. org/10. 1093/comjnl/5. 2. 130.

[77] ABBAS A, VOSS R, WIENBRANDT L, et al. An efficient implementation of PBKDF2 with RIPEMD - 160 on multiple fpgas [C/OL]//20th IEEE International Conference on Parallel and Distributed Systems, ICPADS 2014, Hsinchu, Taiwan, December 16 - 19, 2014. IEEE Computer Society, 2014: 454 - 461. https://doi.org/10.1109/PADSW. 2014. 7097841.

[78] IUORIO A F, VISCONTI A. Understanding optimizations and measuring performances of PBKDF2 [C/OL]//WOUNGANG I, DHURANDHER S K. Lecture Notes on Data Engineering and Communications Technologies: volume 27 2nd International Conference on Wireless Intelligent and Distributed Environment for Communication, WIDECOM 2019, Milan, Italy, February 11 - 13,2019. Springer, 2019: 101 - 114. https://doi. org/10. 1007/978-3-030-11437-48.

[79] ALI J. Mechanism for the prevention of password reuse through anonymized hashes [J/OL]. PeerJ Prepr. , 2017,5: e3322. https://doi. org/10. 7287/peerj. preprints. 3322v1.

[80] THOMAS K, PULLMAN J, YEO K, et al. Protecting accounts from credential stuffing with password breach alerting [C/OL]//28th USENIX Security Symposium (USENIX Security 19). Santa Clara, CA:

USENIX Association，2019：1556 – 1571. https：//www. usenix. org/conference/usenixsecurity19/presentation/thomas.

[81] FREEDMAN M，HAZAY C，NISSIM K，et al. Efficient set intersection with simulation-based security [J]. Journal of Cryptology，2014,29：115 – 155.

[82] KOLESNIKOV V，KUMARESAN R，ROSULEK M，et al. Efficient batched oblivious PRF with applications to private set intersection[C/OL]//Proceedings of the 2016 ACM SIGSAC Conference on Computer and Communications Security. New York，NY，USA：Association for Computing Machinery，2016：818 – 829[2022 – 08 – 02]. https：//doi. org/10. 1145/2976749. 2978381. DOI:10. 1145/2976749. 2978381.

[83] DE CRISTOFARO E，TSUDIK G. Practical private set intersection protocols with linear complexity [C/OL]//SION R. Financial Cryptography and Data Security. Berlin，Heidelberg：Springer，2010：143 – 159. DOI:10. 1007/978-3-642-14577-3_13.

[84] HUANG Y，EVANS D，KATZ J. Private set intersection：Are garbled circuits better than custom protocols？[Z]. [S. l. ：s. n.]，2012.

[85] HUANG Y，EVANS D，KATZ J，et al. Faster secure two-party computation using garbled circuits[C/OL]//20th USENIX Security Symposium (USENIX Security 11). San Francisco，CA：USENIX Association，2011. https：//www. usenix. org/conference/usenix-security-11/faster-secure-two-party-computation-using-garbled-circuits.

[86] PINKAS B，SCHNEIDER T，ZOHNER M. Scalable private set intersection based on ot extension [J]. ACM Transactions on Privacy and Security (TOPS)，2016,21：1 – 35.

[87] CIAMPI M，ORLANDI C. Combining Private Set-Intersection with Secure Two-Party Computation[C/OL]//CATALANO D，DE PRISCO R. Security and Cryptography for Networks. Cham：Springer International Publishing，2018：464 – 482. DOI:10. 1007/978-3-319-98113-0_25.

[88] DONG C，CHEN L，WEN Z. When private set intersection meets big data：An efficient and scalable protocol [C/OL]//CCS '13：Proceedings of the 2013 ACM SIGSAC Conference on Computer and Communications Security. New York，NY，USA：Association for Computing Machinery，2013：789 – 800. https：//doi. org/10. 1145/2508859. 2516701.

[89] RINDAL P，ROSULEK M. Faster malicious 2-party secure computation

with online/offline dual execution [J]. IACR Cryptol. ePrint Arch. , 2016,2016: 632.

[90] RINDAL P, ROSULEK M. Malicious-secure private set intersection via dual execution [C/OL]//THURAISINGHAM B M, EVANS D, MALKIN T, et al. Proceedings of the 2017 ACM SIGSAC Conference on Computer and Communications Security, CCS 2017, Dallas, TX, USA, October 30 - November 03, 2017. ACM, 2017: 1229 - 1242. https://doi.org/10. 1145/3133956. 3134044.

[91] KOLESNIKOV V, KUMARESAN R, ROSULEK M, et al. Efficient batched oblivious prf with applications to private set intersection [C/OL]//CCS '16: Proceedings of the 2016 ACM SIGSAC Conference on Computer and Communications Security. New York, NY, USA: Association for Computing Machinery, 2016: 818 - 829. https://doi. org/10. 1145/29 76749. 2978381.

[92] LI L, PAL B, ALI J, et al. Protocols for checking compromised credentials [C/OL]//CCS '19: Proceedings of the 2019 ACM SIGSAC Conference on Computer and Communications Security. New York, NY, USA: Association for Computing Machinery, 2019: 1387 - 1403. https://doi.org/10. 1145/3319535. 3354229.

[93] BLONDER G E. Graphical password [EB/OL]. 1996. https://www. freepatentsonline. com/5559961. html.

[94] PAULSON L D. Taking a graphical approach to the password [J/OL]. Computer, 2002, 35 (7): 19 - 19. DOI: 10. 1109/MC. 2002. 1016897.

[95] WIEDENBECK S, WATERS J, BIRGET J, et al. Passpoints: Design and longitudinal evaluation of a graphical password system [J/OL]. Int. J. Hum. Comput. Stud. , 2005, 63 (1 - 2): 102 - 127. https://doi. org/10. 1016/j. ijhcs. 2005. 04. 010.

[96] DHAMIJA R, PERRIG A. Déjà Vu-a user study: Using images for authentication [C/OL]//BELLOVIN S M, ROSE G. 9th USENIX Security Symposium, Denver, Colorado, USA, August 14 - 17, 2000. USENIX Association, 2000. https://www. usenix. org/conference/9th-usenix-security-symposium/deja-vu-user-study-using-images-authentication.

[97] PASSFACES. Passfaces: Two factor authentication for the enterprise [EB/OL]. 2022. http://www. realuser. com.

[98] DAVIS D, MONROSE F, REITER M K. On user choice in graphical password schemes [C/OL]//BLAZE M. Proceedings of the 13th USENIX Security Symposium, August 9 – 13, 2004, San Diego, CA, USA. USENIX, 2004: 151 – 164. http://www.usenix.org/pub licatio ns/library/proceedings/sec04/tech/davis.html.

[99] JANSEN W. Authenticating mobile device users through image selection [J]. The Internet Society: Advances in Learning, Commerce and Security, 2004,1.

[100] WIEDENBECK S, WATERS J, SOBRADO L, et al. Design and evaluation of a shouldersurfing resistant graphical password scheme [C/OL]//CELENTANO A. Proceedings of the working conference on advanced visual interfaces, AVI 2006, Venezia, Italy, May 23 – 26, 2006. ACM Press, 2006: 177 – 184. https://doi.org/10.1145/1133265.1133303.

[101] JERMYN I, MAYER A J, MONROSE F, et al. The design and analysis of graphical passwords [C/OL]//TREESE G W. Proceedings of the 8th USENIX Security Symposium, Washington, DC, USA, August 23 – 26, 1999. USENIX Association, 1999. https://www.usenix.org/conference/8th-usenix-security-symposium/design-and-analysis-graphical-passwords.

[102] DUNPHY P, YAN J. Do background images improve "drawasecret" graphical passwords? [C/OL]//NING P, DI VIMERCATI S D C, SYVERSON P F. Proceedings of the 2007 ACM Conference on Computer and Communications Security, CCS 2007, Alexandria, Virginia, USA, October 28 – 31, 2007. ACM, 2007: 36 – 47. https://doi.org/10.1145/1315 245.1315252.

[103] HAI T, CARLISLE A. Pass-go: A proposal to improve the usability of graphical passwords [J]. International Journal of Network Security, 2008,7.

[104] GAO H, GUO X, CHEN X, et al. YAGP: yet another graphical password strategy [C/OL]//Twenty-Fourth Annual Computer Security Applications Conference, ACSAC 2008, Anaheim, California, USA, 8 – 12 December 2008. IEEE Computer Society, 2008: 121 – 129. https://doi.org/10.1109/ACSAC.2008.19.

[105] BONNEAU J, PREIBUSCH S, ANDERSON R. A birthday present every eleven wallets? The security of customer-chosen banking pins [C/

OL]//KEROMYTIS A D. Lecture Notes in Computer Science: volume 7397 Financial Cryptography and Data Security - 16th International Conference, FC 2012, Kralendijk, Bonaire, Februray 27 - March 2, 2012, Revised Selected Papers. Springer, 2012: 25 - 40. https://doi. org/10. 1007/978-3-642-32 946-33.

[106] WANG D, GU Q, HUANG X, et al. Understanding human-chosen pins: Characteristics, distribution and security [C/OL]//KARRI R, SINANOGLU O, SADEGHI A, et al. Proceedings of the 2017 ACM on Asia Conference on Computer and Communications Security, AsiaCCS 2017, Abu Dhabi, United Arab Emirates, April 2 - 6, 2017. ACM, 2017: 372 - 385. https://doi. org/10. 1145/3052973. 3053031.

[107] KIM H, HUH J H. PIN selection policies: Are they really effective? [J/OL]. Comput. Secur., 2012,31(4): 484 - 496. https://doi. org/10. 1016/j. cose. 2012. 02. 003.

[108] MARKERT P, BAILEY D V, GOLLA M, et al. This PIN can be easily guessed: Analyzing the security of smartphone unlock pins [C/OL]//2020 IEEE Symposium on Security and Privacy, SP 2020, San Francisco, CA, USA, May 18 - 21,2020. IEEE, 2020: 286 - 303. https://doi. org/10. 1109/SP40000. 2020. 00100.

[109] 李亚宁. 交互式多媒体学习[J]. 国外科技新书评介,2015(5): 16 - 17.

[110] SANEI S, CHAMBERS J. EEG signal processing [M/OL]. John Wiley & Sons, 2007. DOI: 10. 1002/9780470511923.

[111] POULOS M, RANGOUSSI M, ALEXANDRIS N. Neural network based person identification using eeg features [C/OL]//ICASSP '99: Proceedings of the Acoustics, Speech, and Signal Processing, 1999. on 1999 IEEE International Conference - Volume 02. USA: IEEE Computer Society, 1999: 1117 - 1120. https://doi. org/10. 1109/ICASSP. 1999. 759940.

[112] POULOS M, RANGOUSSI M, CHRISSIKOPOULOS V, et al. Person identification based on parametric processing of the eeg [C/OL]//ICECS'99. Proceedings of ICECS '99. 6th IEEE International Conference on Electronics, Circuits and Systems (Cat. No. 99EX357): volume 1. 1999: 283 - 286 vol. 1. DOI: 10. 1109/ICECS. 1999. 812278.

[113] PARANJAPE R, MAHOVSKY J, BENEDICENTI L, et al. The electroencephalogram as a biometric [C/OL]//Canadian Conference on

Electrical and Computer Engineering 2001. Conference Proceedings (Cat. No. 01TH8555)：volume 2. 2001：1363 – 1366 vol. 2. DOI：10. 1109/CCECE. 2001. 933649.

[114] Hema C R, Paulraj M P, Kaur H. Brain signatures：A modality for biometric authentication [C/OL]//2008 International Conference on Electronic Design. 2008：1 – 4. DOI：10. 1109/ICED. 2008. 4786753.

[115] MIYAMOTO C, BABA S, NAKANISHI I. Biometric person authentication using new spectral features of electroencephalogram (eeg) [C/OL]//2008 International Symposium on Intelligent Signal Processing and Communications Systems. 2009：1 – 4. DOI：10. 1109/ISPACS. 2009. 4806762.

[116] SU F, XIA L, CAI A, et al. Eeg-based personal identification：from proof-of-concept to a practical system [C/OL]//2010 20th International Conference on Pattern Recognition. 2010：3728 – 3731. DOI：10. 1109/ICPR. 2010. 908.

[117] 周黄玲. 脑电信号在身份识别技术中的应用研究[D/OL]. 北京：北京邮电大学硕士学位论文, 2012. https://kns. cnki. net/kcms/detail/detail. aspx? dbcode = CMFD&dbname = CMFD2012&filename = 1012333366. nh&uniplatform=NZKPT&v=79fYIm3SrDMpl1gk6yWqONurd7l7vkzhrDtp8ZrAhWz4oATMEdXGB8mkNyLAbl3Q.

[118] SU F, XIA L, CAI A, et al. Evaluation of recording factors in eeg-based personal identification：A vital step in real implementations [C/OL]//Proceedings of the IEEE International Conference on Systems, Man and Cybernetics, Istanbul, Turkey, 10 – 13 October 2010. IEEE, 2010：3861 – 3866. https://doi. org/10. 1109/ICSMC. 2010. 5641768.

后　记

　　鉴于用户口令的简单易用和近乎无成本特性,它将长期伴随着我们,并保护着我们的网上账号和重要文件。当前,研究人员正在推动口令与其他认证因子结合,形成更为健壮的保护方式。也有研究人员利用移动终端在安全芯片部署方面的优势,推动无口令认证技术的发展。但针对用户口令的攻击和相应防护将是可预期时间内网络空间安全领域中一个重要的热门话题。

　　本书的完成得到复旦大学数据分析与安全实验室同学徐铭、张俊杰、王传旺、黄一力、张浩东、俞继涛、张晟豪的大力支持。其中,张俊杰、王传旺、俞继涛同学准备了第 2 章的材料,徐铭同学准备了第 3 章的材料,黄一力同学准备了第 4 章的材料。为了完整呈现用户口令安全领域的研究,本书参考了学界与业界同人公开发表的论文、预印本以及他们在互联网上公开分享的知识,例如可读音口令等内容,书中对这些内容均注明了出处,在此也感谢他们对该领域做出的贡献。

　　需要特别说明的是,书中内容仅展示了用户口令安全这个领域近 20 年的主要研究成果,但难免挂一漏万,也存在一些错误和不足。如读者发现问题,请联系作者(wlhan@fudan.edu.cn)补正相关内容。

韩伟力

2022 年 3 月

图书在版编目(CIP)数据

用户口令:系统安全的最前线/韩伟力著.—上海:复旦大学出版社,2022.9
ISBN 978-7-309-16255-4

Ⅰ.①用… Ⅱ.①韩… Ⅲ.①用户口令-口令保护-系统安全性-研究 Ⅳ.①TP309

中国版本图书馆 CIP 数据核字(2022)第 104896 号

用户口令:系统安全的最前线
YONGHU KOULING:XITONG ANQUAN DE ZUIQIANXIAN
韩伟力 著
责任编辑/张 鑫

复旦大学出版社有限公司出版发行
上海市国权路 579 号 邮编:200433
网址:fupnet@ fudanpress. com http://www. fudanpress. com
门市零售:86-21-65102580 团体订购:86-21-65104505
出版部电话:86-21-65642845
常熟市华顺印刷有限公司

开本 787×960 1/16 印张 15.5 字数 201 千
2022 年 9 月第 1 版
2022 年 9 月第 1 版第 1 次印刷

ISBN 978-7-309-16255-4/T・716
定价:78.00 元